沒預約就買不到的人氣甜點名店祕傳

超鬆軟濕潤
戚風蛋糕37款

中山真由美／著

黃嫣容／譯

濕潤、延展性佳
的蛋糕體，
彷彿入口即化般口感，
這就是
我所製作的戚風蛋糕。

我的戚風蛋糕。

不論是配方和作法都是屬於我自己的原創風格。

經過不斷地研究、在錯誤中學習，到目前為止已經烤過上萬個戚風蛋糕。

蓬鬆柔軟，濕潤且入口即化的口感是別的地方所吃不到的。

充滿延展性的蛋糕體質地、即使沒有搭配飲料也能輕鬆下嚥，

是大家都能充分享受「蛋糕體」本身的美味的戚風蛋糕。

有許多人因為想學習我獨家的戚風蛋糕口感，

所以我的甜點教室聚集了許多來自日本全國各地的學生。

每個人總是想著「好想吃也好想做做看」的戚風蛋糕，

絕對不是什麼珍貴或是會讓人狂熱的東西。

但透過開設甜點教室授課，我深信這滋味溫和的戚風蛋糕

絕對會讓人想著「好想再吃」、「好想再多吃一個」。

我所構思出來的食譜，

就是能夠滿足從小孩子到年紀大的長輩等各個年齡層的戚風蛋糕。

本書是從我150多份食譜當中，精選出基本食譜、必學的戚風蛋糕變化食譜，

還特別選了「課程預約總是爆滿」的超受歡迎食譜，集結成冊送到各位手上。

此外，「能夠完美做出蛋白霜的人就能做出完美的戚風蛋糕」，

本書中也公開能夠打出延展性絕佳、質地一致蛋白霜的特別課程。

雖然書中有些食譜難度比較高，但在能熟練製作基本的香草戚風蛋糕之後，

請當作提升自己等級來挑戰看看。

希望本書可以成為製作戚風蛋糕的聖經，

在各位的手邊隨時隨地地充分使用。

中山真由美

contents

part1
基礎戚風蛋糕
完全教學課程

[開始製作戚風蛋糕前　本書的使用方法]
● 除了部分的材料之外，本書介紹的都是用
　17cm和20cm模具製作的分量。
● 1杯=200㎖，1大匙=15㎖，1小匙=5㎖。
● 鮮奶油是使用乳脂肪含量47%的產品。奶油則是使用無鹽奶油。
● 烤箱請預熱到設定溫度。電烤箱和瓦斯烤箱的烘烤時間和
　設定溫度皆有記載。但因廠牌和機種等不同而多少會有差異，
　所以請以食譜的時間為基準，一邊觀察一邊調整時間。
● 用微波爐加熱的時間以600w為基準。
　使用500w加熱的話時間請增加20%。

part2
想重複做很多次的
戚風蛋糕教室精選食譜

part3

各種風味的
變化款戚風蛋糕

想挑戰看看！
高階戚風蛋糕

part1 *Lesson*

ingredients and tools, vanilla chiffon, arrange chiffon...

基礎戚風蛋糕
完全教學課程

以做出蓬鬆柔軟的戚風蛋糕為目標，
首先就先從熟習能夠充分感受到蛋糕體本身滋味的
基本香草戚風蛋糕製作訣竅開始吧！

也在此介紹只要將香草戚風蛋糕材料做些許變化
就能改變滋味、做出多種口味變化的戚風蛋糕。
也請務必參考第42頁開始的戚風蛋糕相關問題Q&A喔。

[低筋麵粉]

要做出蓬鬆柔軟且濕潤的口感，就用筋性較低的低筋麵粉。在我的甜點教室是使用以北海道小麥製成的「farine」（江別製粉）。

[細砂糖]

使用一般的細砂糖也沒有關係，但建議使用做甜點專用的微粒子砂糖。因為顆粒較細緻，較容易和冰的蛋白混合，就可以快速地打好蛋白霜。

[雞蛋]

本書中使用L尺寸的雞蛋。使用數量的標準請參照第10頁。新鮮雞蛋的蛋白較有彈性，能打出充分挺立的蛋白霜。要先冷藏備用等到要使用之前再取出。

[油]

戚風蛋糕的特色之一就是使用植物油。菜籽油等植物性沙拉油比較適合。

ingredients & tools

戚風蛋糕的
基本材料與工具

製作基本戚風蛋糕時使用的材料非常簡單。
必備用具甚至只要有戚風蛋糕專用的模具就好，
其他的使用平常做甜點的用具即可，所以馬上就能開始做！

[香草油]
[香草莢]

基本的香草戚風蛋糕是使用烘烤後香氣也不易散失的香草油來增添香氣。如果使用天然香草莢的話，香氣會更加濃郁。

[戚風蛋糕模具]

模具中央呈筒狀，從中央也能傳導熱能、可以烤出均勻漂亮而特別製作的專用模具。有很多種尺寸，本書使用的是17cm和20cm模具。推薦使用導熱性較好的鋁製模具，但如果要當成禮物送人的話就使用可以直接送出的紙製模具。

[打蛋器]

攪拌蛋黃麵糊時使用。在使用之前不要忘記確認一下是否有髒污等沾附殘留。

[橡皮刮刀]

混合蛋黃麵糊和蛋白霜時使用。刮刀處有適當的彈性且與握柄一體成形、沒有接縫的產品會比較方便清洗。

[電子料理秤]

選用顯示面板清楚易讀、可以以1g為單位秤量的電子秤。有能將容器的重量扣除、歸零秤量功能的會比較方便使用。

[量杯]

量液體食材時使用。準備刻度易讀、容量200㎖的量杯。

[調理盆]

選用較厚的不鏽鋼製調理盆。要製作蛋白霜時要用較深的款式。清洗乾淨並徹底擦乾水分後再使用。

[網篩]

將低筋麵粉和其他粉類材料過篩時使用。盡量選擇網目較細的不鏽鋼製產品。

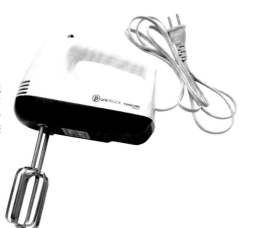

[手持式電動攪拌器]

電動的打蛋器。在打發戚風蛋糕的蛋白霜時是不可或缺的工具。選用低速～高速約有3段速可供調整的產品。

[抹刀]

在將戚風蛋糕脫模、或是要在戚風蛋糕上抹奶油霜做裝飾時使用。

利用香草戚風蛋糕熟記

基本的作法

Basic
Vanilla chiffon

利用製作簡單的香草戚風蛋糕
來說明基本作法的重點。
熟練這些能做出蓬鬆柔軟且口感濕潤的祕訣後，
請挑戰看看各種不同口味的戚風蛋糕。

直徑 17cm 模具

材料

● 蛋黃麵糊

蛋黃	60g*
水	65mℓ
沙拉油	45g
香草油	6滴
低筋麵粉	75g

● 蛋白霜

蛋白	120g*
細砂糖	65g

直徑 20cm 模具

材料

● 蛋黃麵糊

蛋黃	100g*
水	110mℓ
沙拉油	76g
香草油	10滴
低筋麵粉	125g

● 蛋白霜

蛋白	200g*
細砂糖	110g

＊蛋分量的判斷標準

在本書中是使用L尺寸的雞蛋。去掉蛋殼的重量大約是蛋黃20g、蛋白40g。食譜中若是使用蛋黃60g、蛋白120g，就是使用3顆蛋。若是蛋黃100g、蛋白200g，就是使用5顆蛋。以此為基準。不過，蛋的重量也會有所差異。為了能夠成功地做出蛋糕，請依照食譜記載的分量用電子秤以1g為單位仔細秤量。

── 事前準備 ──

將蛋黃和蛋白分別打入兩個調理盆中。

在製作蛋黃麵糊時，將蛋白連同調理盆一起放入冷凍庫，冰到邊緣呈現果凍狀。

將低筋麵粉放入食物保存用的塑膠袋中，以混入空氣的方式晃動。

{ 製作 蛋黃麵糊 } 只使用手腕，快速以打蛋器攪拌

1
用打蛋器將蛋黃打散。

4 將低筋麵粉以粉篩過篩加入 **3** 中。

2
依序加入水、沙拉油，每加入一種材料都要攪拌均勻。

3
加入香草油。不是只加入2、3滴，而是要充分搖晃瓶身倒出6次。要強調香草的風味的話，也可以用香草莢取代香草油。

用刀子將香草莢縱向劃開，再用刀尖將香草籽刮出後加入麵糊中。若是17cm模具就加入1/3根的量，20cm模具則加入1/2根的量，以此為基準。

5 只使用手腕處快速操作打蛋器，充分拌勻至沒有結塊殘留。

{ 製作 **蛋白霜** } 製作充滿光澤、延展性佳的紮實蛋白霜。

6
將手持式電動攪拌器的攪拌頭垂直放入蛋白的調理盆中，以慢慢將蛋白打散的感覺用最低速打發。在打發的時候不要移動手持式電動攪拌器。

7
等蛋白整體布滿細緻的氣泡時，將電動攪拌器換成高速。垂直拿著攪拌器，以不斷畫著小圓圈、一邊將調理盆在身前旋轉的方式攪打。

8
接著，將攪拌頭以輕輕碰到調理盆側面的方式，從中央開始畫出漩渦狀將大量空氣混入蛋白霜中打發。這時候不要讓攪拌頭用力碰撞調理盆。

9
不斷重複 **7**、**8** 的方式攪打蛋白霜。調理盆邊緣很容易殘留還含有水分的蛋白霜，所以要不斷用攪拌頭將邊緣的蛋白霜刮進來一起打。

10
如照片所示，打出稍微挺立的尖角後，將細砂糖分成三次加入蛋白霜中。因為加入細砂糖後如果要一口氣馬上拌勻攪打，蛋白霜會有點塌陷，所以要以慢慢和邊緣的蛋白霜融合的方式移動攪拌頭。質地會開始逐漸變紮實且出現光澤感。

11
打發成尖角挺立的蛋白霜後，將攪拌器轉為低速，慢慢畫圓攪拌20～30秒，調整蛋白霜的質地。

12
散發出珍珠般的光澤、光滑細緻的蛋白霜完成了。以將調理盆倒過來也不會滴落的硬挺程度為基準。

{將蛋黃麵糊 和蛋白霜 混合}

不要切、不要壓也不要往上提起。
蛋白霜不消泡且均勻地和蛋黃麵糊混合

13
將蛋白霜分成三次加入 **5** 的蛋黃麵糊中。首先先放上1/3的蛋白霜，將打蛋器放入至碰到蛋白霜下方蛋黃麵糊的表面處，手不要施加力道地快速操作打蛋器，讓蛋白霜打散並混入蛋黃麵糊。

14
待蛋白霜的結塊都打散後，再加入第二次的蛋白霜，以同樣方式快速打散。加入第三次蛋白霜打散後，會呈現下半部是蛋黃麵糊、上層是蛋白霜混合蛋黃麵糊的兩層狀態。

15
一邊轉動調理盆，一邊以往上舀起的方式用打蛋器快速從底部翻起大量麵糊，讓麵糊從打蛋器的空隙處往下落。重複這個動作3次。

16
會呈現蛋黃麵糊和蛋白霜大致混合但非常不均的狀態。

17
在這裡改用橡皮刮刀操作。首先先將橡皮刮刀縱向放入麵糊中，以輕輕地將整體混拌的方式攪拌5～6次。

18
接著將橡皮刮刀斜斜放入麵糊中央（照片 **a**），以刮擦調理盆底部般的方式（照片 **b**）往上移動到調理盆最上方邊緣處（照片 **c**）。在這時用左手將調理盆逆時針方向轉約1/6圈，再用同樣方式重複攪拌。橡皮刮刀的位置要從調理盆正中央往旁邊移動。以規律的節奏放鬆力道來移動橡皮刮刀。

（橡皮刮刀的操作方式）

a 斜斜放入麵糊中

b 刮擦調理盆底部般

c 移動到上方邊緣處

19 混拌完成。麵糊產生光澤且非常蓬鬆，以橡皮刮刀舀起後翻過來也不會馬上滴落的硬度是最好的狀態。也別忘了確認是否有殘留沒打散的結塊蛋白霜。

來練習橡皮刮刀的用法吧

為了使蛋白霜能夠不消泡、均勻地和蛋黃麵糊混合在一起，重點就是用橡皮刮刀攪拌的步驟。如果能夠正確操作這個攪拌方式，沾附在調理盆上的麵糊就會呈現如照片所示的狀態。橡皮刮刀的行進一定要從調理盆的正中央移動到邊緣處。用殘留在調理盆中的少許麵糊或用水調開麵粉等來練習吧。

加入奶油或乳製品的戚風蛋糕
[只用橡皮刮刀混拌]

（製作P20、24、26、28、30、32、34、36、38、40、68、72、90、92、94的戚風蛋糕時）

「將蛋黃麵糊和蛋白霜混合」的時候，基本上是打蛋器和橡皮刮刀兩種都會用到，但是製作大量加入奶油、優格或是乳酪等乳製品的戚風蛋糕時，因為麵糊會很容易塌陷，所以不使用打蛋器，從一開始就只以橡皮刮刀來攪拌。

1 將蛋白霜分成3次、每次取1/3量加入蛋黃麵糊中。加入蛋白霜後，先以輕輕地拌在一起般的方式，用橡皮刮刀輕輕地將麵糊整體攪拌5〜6次。

2 接著將調理盆轉動1〜2圈的次數，以 18（P13）的方式攪拌。第二次加入的蛋白霜也是以此方式攪拌。

3 加入第三次的蛋白霜後，用 18（P13）的攪拌方式重複操作，至麵糊產生光澤感且變得蓬鬆。

{將麵糊 倒入模具裡 }

為了不使空氣混入麵糊中，
要盡可能「俐落、快速」倒入模具

20

將麵糊倒入沒有抹油撒粉的模具裡。將調理盆在距離模具邊緣1cm處傾斜，用橡皮刮刀從上往下以將麵糊推出去般的方式一口氣倒進麵糊裡。分量以模具的8分滿為基準。從高處以充滿推力的方式倒入或是倒得太慢，都會使麵糊中混入大氣泡，所以一定要留意。

21

用有塗裝的筷子從中心的圓筒狀往邊緣以畫出鋸齒的方式移動一圈。

22

接著以從中央開始往外畫處漩渦狀的方式攪拌麵糊後，再次繞著畫一圈鋸齒狀，以這個方式一邊排出空氣一邊讓麵糊的高度平均。

23

用雙手將模具捧起，輕輕慢慢地搖晃。

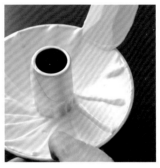

24

要讓麵糊黏附在模具邊緣，所以用橡皮刮刀從內側往邊緣抹開。

{ 烘烤 }

烘烤到產生裂痕
且上色的程度

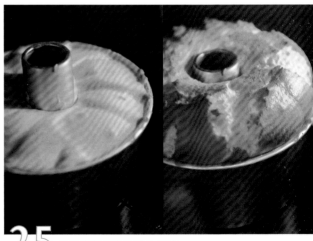

25 放入預熱好的烤箱內烘烤。

		17cm 模具	20cm 模具
烘烤時間	瓦斯烤箱 180℃	22～25 分鐘	35～40 分鐘
	電烤箱 170℃	35～40 分鐘	50～55 分鐘

{冷卻}

利用將蛋糕倒過來放涼，就可以維持住膨脹的狀態

26 烤好後馬上用玻璃瓶等工具將蛋糕完全倒過來，放置冷卻。為了能夠讓蛋糕形狀更加穩定，放涼後將瓶子取出，以完全倒過來的狀態用保鮮膜和密封食物保存袋包裝密封起來，放進冰箱冰一晚，隔天再脫模。

{脫模}

用刀子刮到蛋糕會讓蛋糕體收縮

27 用手指將蛋糕從邊緣處往中央剝開，在蛋糕體和模具之間插入抹刀的刀刃，將刀刃以緊貼著模具的方式，一點一點地縱向戳入，同時一邊轉動模具一圈。

28 在中央圓筒處和蛋糕之間，將抹刀縱向插入至戳到底部。將抹刀轉動一圈。

30 用抹刀戳入底板和蛋糕體之間，繞一圈後抽出抹刀，將蛋糕上下倒過來取下底板。

29 倒過來將蛋糕體從模具中取出。

蓬鬆柔軟且口感濕潤的香草戚風蛋糕完成了。
烤好的隔天後滋味更加滲透，蛋糕會變得更加美味。
切成自己喜歡的大小享用吧！

香草戚風蛋糕的4種變化

簡單的戚風蛋糕，只要將材料中的粉類或是油脂類等以其他材料替換，或是加入其他味道，就能享受不同的口感和香氣。在這裡將基礎的香草戚風蛋糕做了4種不同的美味變化。

1 改變 粉類
將低筋麵粉換成米粉

米粉／以日本國產的白米磨成細緻粉狀、做點心專用的粉類。米粉的顆粒大小大約只有麵粉的一半。

[米粉戚風蛋糕]

用米粉烘烤出濕潤柔軟
且質地細緻的蛋糕體。
將水分改成牛奶，風味會更豐富。

材料（各1個份）　　　[17cm模具]　　[20cm模具]
● 蛋黃麵糊

蛋黃	60g	100g
牛奶	60mℓ	100mℓ
沙拉油	45g	76g
香草莢	1/3根	1/2根
米粉	80g	135g

● 蛋白霜

| 蛋白 | 160g | 260g |
| 細砂糖 | 65g | 110g |

		17cm模具	20cm模具
烘烤時間 ●	瓦斯烤箱 180℃	22～25分鐘	35～40分鐘
	電烤箱 170℃	35～40分鐘	50～55分鐘

事前準備
● 將蛋黃和蛋白分別打入兩個調理盆中。
● 在製作蛋黃麵糊時，將蛋白連同調理盆一起放入冷凍庫，冰到邊緣呈現果凍狀。
● 將米粉放入食物保存用的塑膠袋中，以混入空氣般的方式晃動。

作法

1 製作蛋黃麵糊。用打蛋器將蛋黃打散，依序加入牛奶、沙拉油，每加入一種材料都要攪拌均勻。加入刮出的香草籽，將米粉過篩加入，攪拌至沒有結塊。

2 以和基本的「製作蛋白霜」（P12・6～12）相同的作法，將細砂糖加入蛋白中打發成紮實的蛋白霜。

3 以和基本的「將蛋黃麵糊和蛋白霜混合」（P13・13～19）相同順序，將蛋白霜分成三次加入蛋黃麵糊中，用橡皮刮刀以不讓蛋白霜消泡的方式和蛋黃麵糊均勻地混合在一起。

4 以和基本的「將麵糊倒入模具」（P15・20～24）相同作法，將3的麵糊倒入模具裡，放入預熱好的烤箱中烘烤。

5 烤好後將模具整個倒過來放涼，以和基本的「脫模」（P16・27～30）相同作法將蛋糕脫模。

將細砂糖換成和三盆糖

[和三盆糖戚風蛋糕]

用和三盆糖做出香氣溫和且甜味高雅的戚風蛋糕。
味道更加滲透後是最好吃的時候。

材料（各1個份） 　[17cm模具] 　[20cm模具]

● 蛋黃麵糊

	17cm模具	20cm模具
蛋黃	60g	100g
水	65mℓ	110mℓ
沙拉油	45g	76g
香草莢	⅓根	½根
低筋麵粉	75g	125g

● 蛋白霜

	17cm模具	20cm模具
蛋白	120g	200g
和三盆糖	65g	110g

		17cm模具	20cm模具
烘烤時間 ●	瓦斯烤箱 180℃	22～25分鐘	35～40分鐘
	電烤箱 170℃	35～40分鐘	50～55分鐘

事前準備

● 將蛋黃和蛋白分別打入兩個調理盆中。
● 在製作蛋黃麵糊時，將蛋白連同調理盆一起放入冷凍庫，冰到邊緣呈現果凍狀。
● 將低筋麵粉放入食物保存用的塑膠袋中，以混入空氣般的方式晃動。

作法

1 製作蛋黃麵糊。用打蛋器將蛋黃打散，依序加入水、沙拉油，每加入一種材料都要攪拌均勻。加入刮出的香草籽，將低筋麵粉過篩加入，攪拌至沒有結塊為止。

2 以和基本的「製作蛋白霜」（P12．6～12）相同的作法，將和三盆糖加入蛋白中打發成紮實的蛋白霜。

3 以和基本的「將蛋黃麵糊和蛋白霜混合」（P13．13～19）相同作法，將蛋白霜分成三次加入蛋黃麵糊中，用橡皮刮刀以不讓蛋白霜消泡的方式和蛋黃麵糊均勻地混合在一起。麵糊呈現光澤感與蓬鬆狀的話即可。

4 以和基本的「將麵糊倒入模具」（P15．20～24）相同作法，將3的麵糊倒入模具裡，放入預熱好的烤箱中烘烤。

5 烤好後將模具整個倒過來放涼，以和基本的「脫模」（P16．27～30）相同作法將蛋糕脫模。

和三盆糖／以日本古法精製而成、結晶細緻且帶有適度濕氣，滋味高雅的砂糖。德島縣是主要的產地。

改變 油脂 **3**

將沙拉油
換成奶油

［奶油戚風蛋糕］

焦香奶油的香氣在口中擴散開來。
充滿濃醇與豐潤滋味、非常吸引人的蛋糕。

材料（各1個份）　　　［17cm模具］　　［20cm模具］

● 蛋黃麵糊

蛋黃	80g	120g
蜂蜜	15g	20g
水	55mℓ	80mℓ
無鹽奶油	55g	80g
香草莢	1/3根	1/2本
低筋麵粉	67g	100g
杏仁粉	33g	50g

● 蛋白霜

蛋白	215g	320g
和三盆糖	75g	130g

		17cm模具	20cm模具
烘烤時間	瓦斯烤箱 180℃	22～25分鐘	35～40分鐘
	電烤箱 170℃	35～40分鐘	50～55分鐘

事前準備

● 將蛋黃和蛋白分別打入兩個調理盆中。
● 在製作蛋黃麵糊時，將蛋白連同調理盆一起放入冷凍庫，冰到邊緣呈現果凍狀。
● 將低筋麵粉和杏仁粉一起放入食物保存用的塑膠袋中，以混入空氣般的方式晃動。

作法

1 製作焦香奶油。在小鍋子中放入切成小塊的奶油，開小火加熱。待奶油轉為焦化的褐色後就馬上關火，將鍋子放入盛有冷水的調理盆裡進行冷卻。用茶篩過濾後放涼。

2 製作蛋黃麵糊。用打蛋器將蛋黃打散，依序加入蜂蜜、水、1，每加入一種材料都要攪拌均勻。加入刮出的香草籽，將混合好的粉類過篩加入，攪拌至沒有結塊為止。

3 以和基本的「製作蛋白霜」（P12·6～12）相同的作法，將和三盆糖加入蛋白中打發成紮實的蛋白霜。

4 以「只用橡皮刮刀混拌」（P14）相同作法，將蛋白霜分成三次加入蛋黃麵糊中，用橡皮刮刀以不讓蛋白霜消泡的方式和蛋黃麵糊均勻地混合在一起。麵糊呈現光澤感與蓬鬆狀的話即可。

5 以和基本的「將麵糊倒入模具」（P15·20～24）相同作法，將4的麵糊倒入模具裡，放入預熱好的烤箱中烘烤。

6 烤好後將模具整個倒過來放涼，以和基本的「脫模」（P16·27～30）相同作法，將蛋糕脫模。

重點 ●

加入焦香奶油後麵糊會很容易塌陷，蛋白霜也會很容易消泡，所以奶油戚風蛋糕是滿高難度的蛋糕。在混合蛋黃麵糊和蛋白霜時，不要使用打蛋器，而是從一開始就只用橡皮刮刀的攪拌方式，快速混拌避免蛋白霜消泡。

4 加入別的素材

＋鹽

［鹽味香草戚風蛋糕］

利用加入少許的鹽，
能更加提引出香草戚風蛋糕的甜味。

材料（各1個份）　　[17cm模具]　　[20cm模具]

● 蛋黃麵糊

蛋黃	60g	100g
牛奶	75㎖	125㎖
沙拉油	45g	76g
香草莢	⅓根	½根
低筋麵粉	75g	125g

● 蛋白霜

蛋白	140g	232g
鹽	1g	2g
細砂糖	65g	108g

		17cm 模具	20cm 模具
烘烤時間	瓦斯烤箱 180℃	22～25分鐘	35～40分鐘
	電烤箱 170℃	35～40分鐘	50～55分鐘

事前準備

● 將蛋黃和蛋白分別打入兩個調理盆中。
● 在製作蛋黃糊時，將蛋白連同調理盆一起放入冷凍庫，冰到邊緣呈現果凍狀。
● 將低筋麵粉放入食物保存用的塑膠袋中，以混入空氣般的方式晃動。

作法

1　製作蛋黃麵糊。用打蛋器將蛋黃打散，依序加入牛奶、沙拉油，每加入一種材料都要攪拌均勻。加入刮出的香草籽，將低筋麵粉過篩加入，攪拌至沒有結塊為止。

2　參考基本的「製作蛋白霜」（P12・6～12）的作法，在一開始打發蛋白時就加入鹽，接著再加入細砂糖攪打，打發成紮實的蛋白霜。

3　以和基本的「將蛋黃麵糊和蛋白霜混合」（P13・13～19）相同作法，將蛋白霜分成三次加入蛋黃麵糊中，用橡皮刮刀以不讓蛋白霜消泡的方式和蛋黃麵糊均勻地混合在一起。麵糊呈現光澤感與蓬鬆狀的話即可。

4　以和基本的「將麵糊倒入模具」（P15・20～24）相同作法，將3的麵糊倒入模具裡，放入預熱好的烤箱中烘烤。

5　烤好後將模具整個倒過來放涼，以和基本的「脫模」（P16・27～30）相同作法，將蛋糕脫模。

重點

想要更加凸顯鹽的滋味的話，請將鹽的分量增加，17cm模具最多2g、20cm模具最多3g為限。再多加的話會變得很鹹，這樣就不好吃了。

在甜點教室「chiffon chiffon」中誕生的
戚風蛋糕食譜，至今超過150道。

在此精選出眾多講座中深受學生歡迎、
預約報名不斷，
學生們再次參加機率也很高的超人氣食譜。

雖然也有難度略高的品項，
但不管哪一道都是會讓人想一做再做、
一吃再吃，如同傑作般的戚風蛋糕食譜。

part2
peach & cheese, cocoa & raspberry, grape fruit & lemon...

Best Recipe

想重複做很多次的
戚風蛋糕教室
精選食譜

白桃乳酪
peach & cheese

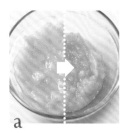

以戚風蛋糕呈現出白桃原本多汁水潤的滋味口感及溫和的香氣。
只要吃一口就會因為出乎意料而不加思索地驚嘆：「啊！是桃子！」
從多汁且蓬鬆柔軟的口感到後味產生的餘韻，的確完完全全就是白桃啊。
要用微波爐去除白桃的水分，確實地秤量出淨重。

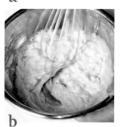

材料（各1個份）　　　　［17cm模具］　　［20cm模具］

● 蛋黃麵糊

	17cm模具	20cm模具
蛋黃	60g	100g
白桃（罐頭、切成一半的）	140g	230g
奶油乳酪	80g	133g
鮮奶油	15ml	17ml
桃子利口酒	10ml	17ml
沙拉油	30g	50g
低筋麵粉	75g	125g

● 蛋白霜

	17cm模具	20cm模具
蛋白	140g	232g
細砂糖	65g	108g
檸檬汁	5ml	8ml

		17cm模具	20cm模具
烘烤時間	瓦斯烤箱 180℃	22～25分鐘	35～40分鐘
	電烤箱 170℃	35～40分鐘	50～55分鐘

事前準備

● 將蛋黃和蛋白分別打入兩個調理盆中。
● 在製作蛋黃麵糊時，將蛋白連同調理盆一起放入冷凍庫，冰到邊緣呈現果凍狀。
● 將低筋麵粉放入食物保存用的塑膠袋中，以混入空氣般的方式晃動。

作法

1 將白桃放入耐高溫容器中並壓碎，放入微波爐加熱7分30秒後秤量出淨重75g的分量（20cm模具的話需要125g）（照片**a**）。奶油乳酪也一樣用微波爐加熱1分30秒。將兩種材料一起放入調理盆中，用手持式電動攪拌器攪拌，再加入鮮奶油和桃子利口酒，用打蛋器混合攪拌（照片**b**）。

2 製作蛋黃麵糊。用打蛋器將蛋黃打散，依序加入**1**、沙拉油，每加入一種材料都要攪拌均勻。一邊用打蛋器攪拌，一邊在下面墊著熱水隔水加熱約20秒（照片**c**）。移開熱水，過篩加入低筋麵粉，以讓麵粉慢慢融合般的方式攪拌。

3 以和基本的「製作蛋白霜」（P12・6～12）相同的作法，將細砂糖和檸檬汁加入蛋白中，打發成紮實的蛋白霜。細砂糖分成三次加入，檸檬汁則分次少量加入。

4 以和「只用橡皮刮刀混拌」（P14）相同作法，將蛋白霜分成三次加入蛋黃麵糊中，用橡皮刮刀以不讓蛋白霜消泡的方式和蛋黃麵糊均勻地混合在一起。麵糊呈現光澤感與蓬鬆狀的話即可（照片**d**）。

5 以和基本的「將麵糊倒入模具」（P15・20～24）相同作法，將**4**的麵糊倒入模具裡，放入預熱好的烤箱中烘烤。

6 烤好後將模具整個倒過來放涼，以和基本的「脫模」（P16・27～30）相同作法將蛋糕脫模。

［桃子利口酒］
僅以南法產黃桃製成、充滿芳醇桃子香氣的利口酒「LEJAY Creme de peche」。「peche」即是法語中的「桃子」。其特色是圓潤的甘甜與清爽的香氣。

可可覆盆子

cocoa & raspberry

粉紅色和可可色的可愛戚風蛋糕，
在甜點教室也很受歡迎，
覆盆子的酸甜和可可的苦味絕妙搭配。
同時製作可可和覆盆子兩種口味的麵糊，
做出同樣的硬度是成功的關鍵。

材料（各1個份）　　　［17cm模具］　　［20cm模具］

● 可可蛋黃麵糊

		17cm模具	20cm模具
	蛋黃	30g	50g
A	牛奶	50mℓ	83mℓ
	可可粉*	12g	20g
	沙拉油	22g	38g
	低筋麵粉	25g	42g

● 覆盆子蛋黃麵糊

		17cm模具	20cm模具
	蛋黃	30g	50g
	覆盆子果泥（冷凍）	60g	100g
B	檸檬汁	12mℓ	20mℓ
	覆盆子利口酒	8mℓ	13mℓ
	沙拉油	22g	38g
	低筋麵粉	37g	60g

● 蛋白霜

	17cm模具	20cm模具
蛋白	140g	232g
細砂糖	70g	116g
檸檬汁	5mℓ	8mℓ

＊可可粉請選用可可風味濃郁的高品質產品。
即使烘烤後也不會褪色、能烤出很深的巧克力色澤。

	17cm模具	20cm模具
烘烤時間　瓦斯烤箱180℃	22～25分鐘	35～40分鐘
電烤箱170℃	35～40分鐘	50～55分鐘

事前準備

● 將可可麵糊用的蛋黃、覆盆子麵糊用的蛋黃、蛋白分別打入三個調理盆中。
● 在製作蛋黃麵糊時，將蛋白連同調理盆一起放入冷凍庫，冰到邊緣呈現果凍狀。
● 將低筋麵粉分別放入兩個食物保存用的塑膠袋中，以混入空氣般的方式晃動。

a

b

c

d

作法

1 在小鍋子中放入A煮至溶解，加入沙拉油後用橡皮刮刀攪拌。

2 將從冷凍庫中取出的覆盆子果泥放入耐高溫容器中，用微波爐加熱約4分鐘，秤量出淨重33g（20cm模具的話要55g）的分量。加入B攪拌。

3 製作可可蛋黃麵糊。用打蛋器將蛋黃打散，加入**1**攪拌。一邊用打蛋器攪拌，一邊在下面墊著熱水隔水加熱約20秒。移開熱水，過篩加入低筋麵粉，以讓麵粉慢慢融合般的方式攪拌（照片**a**／上）。

4 製作覆盆子蛋黃麵糊。用打蛋器將蛋黃打散，依序加入**2**、沙拉油攪拌。一邊用打蛋器攪拌，一邊隔水加熱讓麵糊快速變溫。移開熱水，過篩加入低筋麵粉，以讓麵粉慢慢融合般的方式攪拌（照片**a**／下）。

5 以和基本的「製作蛋白霜」（P12・6～12）相同的作法，將細砂糖和檸檬汁加入蛋白中，打發成紮實的蛋白霜。

6 將蛋白霜等量分成兩份，以和「只用橡皮刮刀混拌」（P14）相同作法，將兩份蛋白霜分別分成三次加入可可蛋黃麵糊和覆盆子蛋黃麵糊中。用橡皮刮刀以不讓蛋白霜消泡的方式和蛋黃麵糊均勻地混合。麵糊呈現光澤感與蓬鬆狀的話即可（照片**b**）。

7 依序將可可麵糊和覆盆子麵糊以各1/3的量交替倒入模具中。將麵糊放入模具中時使用刮板（照片**c**），每次加入都要用橡皮刮刀以不會移動到下方麵糊的方式，將麵糊往模具側邊抹開，漂亮地做出6層層次。用橡皮刮刀將麵糊抹到模具側邊邊緣（照片**d**），放入預熱好的烤箱中烘烤。

8 烤好後將模具整個倒過來放涼，以和基本的「脫模」（P16・27～30）相同作法，將蛋糕脫模。脫模後可依個人喜好，用刷子在蛋糕表面輕輕拍打刷上一層覆盆子利口酒，風味會更提升。

葡萄柚檸檬
grapefruit & lemon

加入葡萄柚的果肉和一個份的磨碎檸檬皮烘烤而成。
這真的是一款風味清爽又水潤多汁的柑橘口味戚風蛋糕。
若使用粉紅色果肉的葡萄柚，會為蛋糕的切面大大增色不少。

材料（各1個份）　　[17cm模具]　[20cm模具]

● 蛋黃麵糊

	17cm模具	20cm模具
蛋黃	60g	100g
葡萄柚（粉紅色果肉）	1個	1又½個
檸檬	1個	2小個
沙拉油	40g	69g
低筋麵粉	75g	125g

● 蛋白霜

	17cm模具	20cm模具
蛋白	140g	232g
細砂糖	65g	108g
鹽	1小撮	1小撮

烘烤時間		17cm模具	20cm模具
	瓦斯烤箱180℃	22～25分鐘	35～40分鐘
	電烤箱170℃	35～40分鐘	50～55分鐘

事前準備

● 將蛋黃和蛋白分別打入兩個調理盆中。
● 在製作蛋黃麵糊時，將蛋白連同調理盆一起放入冷凍庫，冰到邊緣呈現果凍狀。
● 將低筋麵粉放入食物保存用的塑膠袋中，以混入空氣般的方式晃動。
● 擠出檸檬汁，將檸檬皮磨成碎屑。

作法

1 從葡萄柚的果瓣中取出果肉放入調理盆中，用打蛋器攪拌壓碎。將擠出的果汁過濾後取出備用（照片**a**）。用廚房紙巾擦掉葡萄柚的水分（照片**b**），準備淨重80g的果肉（20cm模具的話需要135g）。將檸檬1個份擠出的果汁（30g）加入葡萄柚果汁，秤量補足至50g（若是20cm模具，則需要60g的檸檬汁再加入葡萄柚汁補足至83g）。

2 製作蛋黃麵糊。用打蛋器將蛋黃打散，加入1的果肉和果汁、磨碎的檸檬皮（照片**c**）、沙拉油攪拌均勻。過篩加入低筋麵粉，以讓麵粉慢慢融合般的方式攪拌。

3 參考基本的「製作蛋白霜」（P12・6～12）的作法，將鹽和細砂糖加入蛋白中，打發成紮實的蛋白霜。

4 以和「只用橡皮刮刀混拌」（P14）相同作法，將蛋白霜分成三次加入蛋黃麵糊中，用橡皮刮刀以不讓蛋白霜消泡的方式和蛋黃麵糊均勻地混合在一起。麵糊呈現光澤感與蓬鬆狀的話即可（照片**d**）。

5 以和基本的「將麵糊倒入模具」（P15・20～24）相同作法，將4的麵糊倒入模具裡，放入預熱好的烤箱中烘烤。

6 烤好後將模具整個倒過來放涼，以和基本的「脫模」（P16・27～30）相同作法將蛋糕脫模。

栗子 *chestnut*

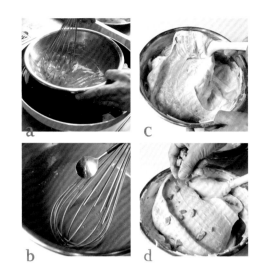

滋味就像充滿甘甜香氣糖漬栗子。
放置經過一段時間後，栗子的風味會增加，
且整體質地也會變得更濕潤。
但口感卻是相當輕盈。
如果把澀皮煮栗子集中放一處會讓蛋糕體
產生大洞。所以請切碎後分散加入。

[香草籽醬]
將馬達加斯加或大溪地
產的香草莢以獨家低
溫萃取法製成的膏狀產
品。充滿香草籽原本的
香氣且很方便使用。

材料（各1個份）

	17cm 模具	20cm 模具
● 蛋黃麵糊		
蛋黃	60g	100g
栗子泥	135g	224g
A 牛奶	25mℓ	42mℓ
A 蘭姆酒	20mℓ	33mℓ
A 沙拉油	45g	76g
香草籽醬	少許	少許
低筋麵粉	55g	90g
杏仁粉	10g	17g
澀皮煮栗子	5～6個	8～10個
● 蛋白霜		
蛋白	130g	216g
細砂糖	60g	100g
檸檬汁	5mℓ	8mℓ

		17cm 模具	20cm 模具
烘烤時間	瓦斯烤箱 180℃	22～25分鐘	35～40分鐘
	電烤箱 170℃	35～40分鐘	50～55分鐘

事前準備
● 將蛋黃和蛋白分別打入兩個調理盆中。
● 在製作蛋黃麵糊時，將蛋白連同調理盆一起放入冷凍庫，冰到邊緣呈現果凍狀。
● 將低筋麵粉和杏仁粉一起放入食物保存用的塑膠袋中，以混入空氣般的方式晃動。
● 將澀皮煮栗子洗過後擦乾水分，切成小塊。在作法4中要加入麵糊前再裹上低筋麵粉（額外分量），倒出多餘的粉。

作法

1 製作蛋黃麵糊。用打蛋器將蛋黃打散，加入栗子泥攪拌。依照順序加入A混合。用打蛋器攪拌的同時隔水加熱約20秒（照片**a**）。

2 將**1**從熱水上移開，加入香草籽醬（照片**b**），過篩加入混合好的粉類，以讓粉類慢慢融合般的方式攪拌。

3 參考基本的「製作蛋白霜」（P12．6～12）的作法，將細砂糖和檸檬汁加入蛋白中，打發成紮實的蛋白霜。細砂糖分成三次加入，檸檬汁則分次少量加入。

4 以和「只用橡皮刮刀混拌」（P14）相同作法，將蛋白霜分成三次加入蛋黃麵糊中，用橡皮刮刀以不讓蛋白霜消泡的方式和蛋黃麵糊均勻地混合在一起（照片**c**）。在麵糊表面散放上澀皮煮栗子（照片**d**），用橡皮刮刀大幅度攪拌。再次於麵糊表面散放上澀皮煮栗子，重複攪拌5～6次。

5 以和基本的「將麵糊倒入模具」（P15．20～24）相同作法，將**4**的麵糊倒入模具裡，放入預熱好的烤箱中烘烤。

6 烤好後將模具整個倒過來放涼，以和基本的「脫模」（P16．27～30）相同作法將蛋糕脫模。脫模後可依照個人喜好，用刷子輕輕在表面以拍打的方式刷上蘭姆酒或栗子利口酒，如此能更加增添栗子的風味。

戚風鬆餅

柳橙口味／藍莓口味
orange/blueberry

甜點教室的學生也重複來上很多次、
「戚風蛋糕」＋「鬆餅」的創新變化食譜。
如果是這款戚風蛋糕的話，就能完整保持
新鮮水果的水潤程度烘烤而成。而且不論是
剛出爐、放涼後、冷藏後，什麼時候吃都非常美味。

a　c
b　d

柳橙口味

材料（直徑15cm的圓形模具1個份）

● 蛋黃麵糊

蛋黃	35g
柳橙汁（100%純果汁）	45mℓ
奶油	30g
香草油	2～3滴
低筋麵粉	60g

● 蛋白霜

蛋白	75g
細砂糖	30g
檸檬汁	2～3mℓ
柳橙	2～3個

● 裝飾用

蜂蜜、迷迭香	各適量

藍莓口味

材料（直徑15cm的圓形模具1個份）

● 將柳橙口味蛋黃麵糊中的柳橙汁以50g的原味優格代替，加上適量的磨碎檸檬皮。蛋白霜的材料分量則相同。

● 此外，準備180g的藍莓、10～15g的藍莓果醬，以及適量的裝飾用酸奶油、薄荷葉。

烘烤時間 ●	瓦斯烤箱 160℃	30～35分鐘
	電烤箱 160℃	40～45分鐘

事前準備（兩款相同）

● 將蛋黃和蛋白分別打入兩個調理盆中。
● 在製作蛋黃麵糊時，將蛋白連同調理盆一起放入冷凍庫，冰到邊緣呈現果凍狀。
● 將低筋麵粉放入食物保存用的塑膠袋中，以混入空氣般的方式晃動。
● 在模具底部鋪入烘焙紙備用。

柳橙口味／作法

1 從柳橙的果瓣中取出果肉，將果肉斜切塊後緊密地排在模具裡（照片 **a**／上）。

2 將奶油放入小鍋子中開火加熱，讓奶油融化到呈現透明感的漂亮蜂蜜色澤，秤量取出20g。

3 製作蛋黃麵糊。用打蛋器將蛋黃打散，依序加入柳橙汁、**2** 的融化奶油攪拌。用打蛋器攪拌的同時在下面墊著熱水隔水加熱約20秒（照片 **b**）。移開熱水，淋入香草油，過篩加入低筋麵粉，以讓麵粉慢慢融合般的方式攪拌。

4 參考基本的「製作蛋白霜」（P12・6～12）的作法，將細砂糖和檸檬汁加入蛋白中，打發成紮實的蛋白霜。細砂糖分成三次加入，檸檬汁則分次少量加入。

5 以和「只用橡皮刮刀混拌」（P14）相同作法，將蛋白霜分成三次加入蛋黃麵糊中，用橡皮刮刀以不讓蛋白霜消泡的方式和蛋黃麵糊均勻地混合在一起。麵糊呈現光澤感與蓬鬆狀的話即可（照片 **c**）。

6 將 **5** 的麵糊倒進 **1** 的模具裡，用橡皮刮刀將表面抹平（照片 **d**）。放入預熱好的烤箱中烘烤。

7 將蛋糕脫模，依照喜好放上迷迭香裝飾並繞圈淋上蜂蜜。

藍莓口味／作法

1 在模具中緊密地塞滿藍莓，在表面塗上藍莓果醬（照片 **a**／下）。

2 和柳橙口味的作法 **2** 一樣將奶油加熱融化。

3 製作蛋黃麵糊。用打蛋器將蛋黃打散，依序加入原味優格、**2** 的融化奶油攪拌。用打蛋器攪拌的同時在下面墊著熱水隔水加熱約20秒。移開熱水，淋入香草油，過篩加入低筋麵粉，以讓麵粉慢慢融合般的方式攪拌。最後加入磨碎的檸檬皮大略攪拌。

4 以和柳橙口味作法 **4** ～ **6** 相同作法製作，烘烤好脫模。放上切塊的酸奶油和薄荷葉裝飾。

南瓜乳酪
pumpkin & cheese

搭配度絕佳的南瓜和乳酪的組合,人氣屹立不搖。
在口中化開的口感讓人能直接感受到
南瓜溫和的甜味在口中擴散開來,
呈現活潑可愛的黃色,是一款美麗的戚風蛋糕。
因為是加入乳酪和鮮奶油、質地較厚重的麵糊,
所以請用橡皮刮刀和蛋白霜充分拌勻吧。

材料（各1個份）　　　　[17cm 模具]　　[20cm 模具]

● 蛋黃麵糊

	17cm 模具	20cm 模具
蛋黃	50g	85g
南瓜（去掉籽和瓜瓤）	100g	165g
奶油乳酪	80g	133g
鮮奶油	35ml	58ml
香草莢	1/3 根	1/2 根
沙拉油	32g	53g
低筋麵粉	58g	96g

● 蛋白霜

	17cm 模具	20cm 模具
蛋白	120g	200g
細砂糖	60g	100g
檸檬汁	5ml	8ml

		17cm 模具	20cm 模具
烘烤時間●	瓦斯烤箱 180℃	22～25分鐘	35～40分鐘
	電烤箱 170℃	35～40分鐘	50～55分鐘

事前準備
● 將蛋黃和蛋白分別打入兩個調理盆中。
● 在製作蛋黃麵糊時,將蛋白連同調理盆一起放入冷凍庫,冰到邊緣呈現果凍狀。
● 將低筋麵粉放入食物保存用的塑膠袋中,以混入空氣般的方式晃動。
● 刮出香草籽備用。

作法

1 將南瓜切成3cm大小的塊狀,蒸煮至用竹籤可以順利穿透為止。在還有水分殘留時直接排放到耐高溫的盤子中蓋上保鮮膜,放進微波爐加熱2分30秒。秤量出去皮後淨重80g的分量（20cm模具則需要130g）,用壓泥器壓碎。將奶油乳酪放進微波爐加熱1分30秒。將兩者一起放入調理盆中。

2 將鮮奶油和香草籽放入耐高溫容器中,再放入微波爐中加熱30秒。加入**1**中（照片**a**）用打蛋器充分攪拌。

3 製作蛋黃麵糊。用打蛋器將蛋黃打散,依序加入**2**、沙拉油攪拌。用打蛋器攪拌的同時在下面墊著熱水隔水加熱約20秒（照片**b**）。移開熱水,過篩加入低筋麵粉,以讓麵粉慢慢融合般的方式攪拌。

4 參考基本的「製作蛋白霜」（P12・6～12）的作法,將細砂糖和檸檬汁加入蛋白中,打發成紮實的蛋白霜。細砂糖分成三次加入,檸檬汁則分次少量加入。

5 以和「只用橡皮刮刀混拌」（P14）相同作法,將蛋白霜分成三次加入蛋黃麵糊中,用橡皮刮刀以不讓蛋白霜消泡的方式和蛋黃麵糊均勻地混合在一起（照片**c**）。麵糊呈現光澤感與蓬鬆狀的話即可（照片**d**）。

a

c

b

d

6 以和基本的「將麵糊倒入模具」（P15・20～24）相同作法,將**5**的麵糊倒入模具裡,放入預熱好的烤箱中烘烤。

7 烤好後將模具整個倒過來放涼,以和基本的「脫模」（P16・27～30）相同作法將蛋糕脫模。

櫻花與顆粒紅豆餡
cherry blossoms & anko

在模具底部鋪上鹽漬櫻花增添風味。
略帶鹹味的櫻花麵糊及充滿高雅香氣的
顆粒紅豆餡麵糊，兩種口味在口中交織，
就能品嘗到彷彿在吃高級和菓子的滋味。

材料（各1個份）　　　[17cm模具]　　[20cm模具]

● 顆粒紅豆餡蛋黃麵糊

蛋黃	30g	50g
顆粒紅豆餡	75g	125g
水	10㎖	17㎖
沙拉油	22g	37g
低筋麵粉	28g	46g

● 櫻花蛋黃麵糊

蛋黃	30g	50g
水	35㎖	58㎖
沙拉油	22g	37g
A ┌ 低筋麵粉	37g	61g
├ 紅麴粉	3g	5g
└ 櫻葉粉*	2g	3g
鹽漬櫻花	3～4片	5～6片

● 蛋白霜

蛋白	120g	200g
細砂糖	65g	108g
檸檬汁	5㎖	8㎖

鹽漬櫻花 ─── 8～10片 ····· 10～12片

*將鹽漬櫻花磨成的粉末。

	17cm模具	20cm模具
烘烤時間 瓦斯烤箱 180℃	22～25分鐘	35～40分鐘
電烤箱 170℃	35～40分鐘	50～55分鐘

事前準備

● 將顆粒紅豆餡麵糊用的蛋黃、鹽漬櫻花麵糊用的蛋黃、蛋白分別打入三個調理盆中。
● 在製作蛋黃麵糊時，將蛋連同調理盆一起放入冷凍庫，冰到邊緣呈現果凍狀。
● 將顆粒紅豆餡蛋黃麵糊用的低筋麵粉放入食物保存用的塑膠袋中，以混入空氣般的方式晃動。在另一個食物保存袋中放入鹽漬櫻花蛋黃麵糊用的低筋麵粉，同樣以混入空氣般的方式搖晃。

a

b

c

d

作法

1　將鹽漬櫻花泡水約30分鐘後撈起，用廚房紙巾擦乾水分。將櫻花蛋黃麵糊用的3～4片鹽漬櫻花取出切碎，剩下的8～10片則貼放在模具底部。

2　製作顆粒紅豆餡蛋黃麵糊。用打蛋器將蛋黃打散，依序加入顆粒紅豆餡、水攪拌。用打蛋器攪拌的同時在下面墊著熱水隔水加熱約20秒，使顆粒紅豆餡變得柔軟滑順。移開熱水，依序加入沙拉油、過篩加入低筋麵粉，以讓麵粉慢慢融合般的方式攪拌（照片**a**／下）。

3　製作櫻花蛋黃麵糊。用打蛋器將蛋黃打散，加入水和沙拉油攪拌。用打蛋器攪拌的同時在下面墊著熱水、稍微讓麵糊變溫熱。移開熱水，過篩加入混合好的A的粉類，以讓粉類慢慢融合般的方式攪拌。加入1的切碎的櫻花，大略攪拌一下（照片**a**／上）。

4　參考基本的「製作蛋白霜」（P12．6～12）的作法，將細砂糖和檸檬汁加入蛋白中，打發成紮實的蛋白霜。

5　將蛋白霜等量分成兩半，以和「只用橡皮刮刀混拌」（P14）相同作法，將兩部分的蛋白霜分別分成三次加入2和3的麵糊中。用橡皮刮刀以不讓蛋白霜消泡的方式和蛋黃麵糊均勻地混合在一起。麵糊呈現光澤感與蓬鬆狀的話即可（照片**b**、**c**）。

6　依序將櫻花蛋黃麵糊（照片**d**）和顆粒紅豆餡蛋黃麵糊以各1/3的量交替倒入模具中。將麵糊放入模具中時使用刮板，每加入一次就要用橡皮刮刀以不會移動到下方麵糊的方式，將麵糊往模具側邊抹開，漂亮地做出6層層次。用橡皮刮刀將麵糊抹到模具側邊邊緣，放入預熱好的烤箱中烘烤。

7　烤好後將模具整個倒過來放涼，以和基本的「脫模」（P16．27～30）相同作法將蛋糕脫模。

[紅麴粉]

利用米麴製造出的天然色素粉。用來製作櫻餅等和菓子，就能做出充滿日本風味的淺淺紅色。請依喜好調整分量使用。

生巧克力

chocolate

a
c
b
d

放入大量帶有苦味的調溫巧克力，
做出濃郁的滋味。
在口中瞬間融化的口感，
就彷彿在吃生巧克力一般。
將巧克力隔水加熱、使麵糊的溫度上升，
就能避免在和蛋白霜混合時失敗。

材料（各1個份）　　　　[17cm模具]　　[20cm模具]

● 蛋黃麵糊

	17cm模具	20cm模具
蛋黃	60g	100g
調溫巧克力*1	88g	146g
牛奶	55㎖	90㎖
水	18㎖	30㎖
沙拉油	31g	51g
低筋麵粉	50g	83g
可可粉*2	6g	10g

● 蛋白霜

	17cm模具	20cm模具
蛋白	132g	220g
細砂糖	50g	83g
檸檬汁	5㎖	8㎖

＊1 請選用 Cacao barry 公司生產的 Extra bitter
（可可脂含量64%）。
＊2 參考P27。

		17cm模具	20cm模具
烘烤時間	瓦斯烤箱 180℃	22～25分鐘	35～40分鐘
	● 電烤箱 170℃	35～40分鐘	50～55分鐘

事前準備

● 將蛋黃和蛋白分別打入兩個調理盆中。
● 在製作蛋黃麵糊時，將蛋白連同調理盆一起放入
冷凍庫，冰到邊緣呈現凍狀。
● 將低筋麵粉和可可粉一起放入食物保存用的塑膠
袋中，以混入空氣般的方式晃動。

作法

1　在小鍋子中放入牛奶和水，稍微加
熱。在鍋中加入巧克力攪拌（照片**a**）至巧
克力融化。

2　製作蛋黃麵糊。用打蛋器將蛋黃打散，
依序加入**1**、沙拉油攪拌。用打蛋器攪拌的
同時（照片**b**）在下面墊著熱水隔水加熱約
20秒。移開熱水，將混合好的粉類過篩加
入，以讓麵粉慢慢融合般的方式攪拌。

3　參考基本的「製作蛋白霜」（P12・6～
12）的作法，將細砂糖和檸檬汁加入蛋白
中，打發成紮實的蛋白霜。細砂糖分成三
次加入，檸檬汁則分次少量加入。

4　以和「只用橡皮刮刀混拌」（P14）相
同作法，將蛋白霜分成三次加入蛋黃麵糊
中。用橡皮刮刀以不讓蛋白霜消泡的方式
和蛋黃麵糊均勻地混合在一起（照片**C**）。
麵糊呈現光澤感與蓬鬆狀的話即可（照片
d）。

5　以和基本的「將麵糊倒入模具」（P15・
20～24）相同作法，將**4**的麵糊倒入模具
裡，放入預熱好的烤箱中烘烤。

6　烤好後將模具整個倒過來放涼，以和
基本的「脫模」（P16・27～30）相同作法
將蛋糕脫模。

聖誕麵包風味
dried fruits & cinnamon

以戚風蛋糕的形式重新呈現
聖誕節必備烘焙點心「史多倫麵包」的風味。
大量的水果乾與肉桂、最後完成時
刷上的融化奶油是美味關鍵。
為了不會因加入油脂較多的茅屋乳酪而失敗，
就努力把蛋白霜打得紮實挺立吧。

材料（各1個份）　　　[17cm模具]　　　[20cm模具]

● 蛋黃麵糊

蛋黃 ——————60g …… 100g	
水果乾* ——— 80g（淨重）…… 133g（淨重）	
茅屋乳酪（已過濾過的）	
——————100g …… 166g	
牛奶 ——————40mℓ …… 66mℓ	
沙拉油 —————36g …… 60g	
低筋麵粉 ————75g …… 125g	
肉桂粉 —————5g …… 8g	

● 蛋白霜

蛋白 ——————140g …… 232g	
細砂糖 —————65g …… 108g	
檸檬汁 —————5mℓ …… 8mℓ	

最後完成用的融化奶油
————————30g …… 50g

最後完成用的糖粉 —— 適量 …… 適量

＊依照喜好混合使用葡萄乾、橙皮、蔓越莓等各式果乾。

		17cm模具	20cm模具
烘烤時間●	瓦斯烤箱180℃	22～25分鐘	35～40分鐘
	電烤箱170℃	35～40分鐘	50～55分鐘

事前準備

● 將蛋黃和蛋白分別打入兩個調理盆中。
● 在製作蛋黃麵糊時，將蛋白連同調理盆一起放入冷凍庫，冰到邊緣呈現果凍狀。
● 將低筋麵粉和可可粉一起放入食物保存用的塑膠袋中，以混入空氣般的方式晃動。
● 如果果乾表面有砂糖的話，就先清洗掉再擦乾水分。將顆粒較大的果乾切碎，裹上低筋麵粉（額外分量）。

a

b

c

d

作法

1 在耐高溫容器中放入茅屋乳酪和牛奶，放進微波爐加熱1分30秒。

2 製作蛋黃麵糊。用打蛋器將蛋黃打散，依序加入1、沙拉油攪拌。用打蛋器攪拌的同時在下面墊著熱水隔水加熱約20秒。移開熱水，將混合好的粉類過篩加入（照片**a**），以讓粉類慢慢融合般的方式攪拌。

3 參考基本的「製作蛋白霜」（P12‧6～12）的作法，將細砂糖和檸檬汁加入蛋白中，打發成紮實的蛋白霜。細砂糖分成三次加入，檸檬汁則分次少量加入（照片**b**）。

4 以和「只用橡皮刮刀混拌」（P14）相同作法，將蛋白霜分成三次加入蛋黃麵糊中。用橡皮刮刀以不讓蛋白霜消泡的方式和蛋黃麵糊均勻地混合在一起。麵糊呈現光澤感與蓬鬆狀的話即可（照片**c**）。

5 在麵糊表面撒上水果乾（照片**d**），用橡皮刮刀大幅度攪拌。再次於麵糊表面撒上水果乾後攪拌，重複操作5～6次。

6 以和基本的「將麵糊倒入模具」（P15‧20～24）相同作法，將5的麵糊倒入模具裡，放入預熱好的烤箱中烘烤。

7 烤好後將模具整個倒過來放涼。待模具側邊大約降溫至手能夠觸摸的溫度後，暫時將翻過來讓蛋糕體朝上。將奶油融化後用刷子塗抹在蛋糕體表面，一邊輕拍讓奶油能滲透到內側。再次將蛋糕倒放放置至完全冷卻。

8 以和基本的「脫模」（P16‧27～30）相同作法，將蛋糕脫模。要吃的時候可以用保鮮膜等蓋住切好的蛋糕的半邊，用茶篩撒上糖粉。

「為什麼？」、「好煩惱」
為大家解惑的
戚風蛋糕

在這裡向大家回答在甜點教室也常有的
各種疑惑和失敗案例等等。

有 **NG!** 符號的失敗案例照片皆是
由甜點教室的參加者們拍攝的照片。

Q1 使用不同類型的烤箱有什麼特別需要注意的地方嗎？

A 家用烤箱有瓦斯烤箱和電烤箱兩種。一般來說瓦斯烤箱的火力比電烤箱更強，而電烤箱的熱度是由下方開始慢慢往上升，所以使用電烤箱時設定的溫度要比瓦斯烤箱低，多花一點時間烘烤。除了轉盤式的烤箱之外，所有烤箱在開始烘烤到設定的一半時間時，請將蛋糕前後方向互換再烤，以避免烤出焦痕。本書中則皆有標示瓦斯烤箱和電烤箱的烘烤溫度和烘烤時間。瓦斯烤箱有烘烤空間狹窄、但能很快烤好的桌上型，也有空間較大的內嵌型，如果是使用內嵌型的話，請以標示的烘烤時間為基準並再多烤5分鐘。

Q2 在將蛋黃麵糊與蛋白霜混合時，麵糊會變得稀軟塌陷嗎？

A 麵糊變得稀軟塌陷是眾多失敗的原因。在將蛋黃麵糊和蛋白霜混合時，不使蛋白霜消泡且讓蛋黃麵糊與蛋白霜均勻地混合在一起是非常重要的。為了能成功，首先必須要做的就是打出紮實的蛋白霜。要說戚風蛋糕成功的祕訣，就是和蛋白霜的打發方式息息相關也不為過。詳細內容會在P48的「蛋白霜特別

NG!

講座」中說明，如果能取得體積（空氣含量）×密度（緊實度）×硬度的平衡是最好的。如果是密度低且不紮實的蛋白霜，麵糊就會塌陷。

此外，加入油脂成分較多的巧克力或是牛奶、優格、乳酪、鮮奶油等乳製品，或是減少蛋白霜使用的砂糖量，都會使蛋白霜容易消泡，導致麵糊變得稀軟塌陷。祕訣就是要將加入這些材料的蛋黃麵糊稍微隔水加熱一下。利用隔水加熱使麵糊的溫度上升，和蛋白霜混合時就不容易讓麵糊變得稀稀糊糊。

Q3

蛋黃麵糊和蛋白霜混合而成的麵糊，最後的確認重點是什麼？

A 在蛋白霜拌入蛋黃麵糊後，最終的確認重點是「有產生光澤」、「麵糊不會稀稀糊糊的」、「往上翻拌的麵糊表面沒有蛋白霜的結塊」、「沒有產生空氣過多造成的空洞」。

此外，也要確認調理盆中的麵糊量會不會過多。最後完成的麵糊，基本上全部都要倒進模具裡。以基本的香草戚風蛋糕（蛋白120g）來說，倒入模具時以八分滿為標準。其他使用140g蛋白霜的蛋糕，則是以模具的九分滿為基準。在用橡皮刮刀攪拌時，要以一定的規律與適度增減力道，攪拌至最後完成所需的分量。

倒入模具中的麵糊量過少時，烤好時蛋糕會烤不出高度，且蛋糕體本身會壓縮在一起，口感會偏硬。而且味道會凝縮在一起，所以甜味會很明顯。另一方面，如果麵糊的量過多的話，蛋糕大幅膨脹至超出模具，烤好後會太過鬆軟而沒有彈性。而且味道會變得很不明顯，口感也會像被壓碎般鬆散。

如果能做出上述最後完成狀態的麵糊與麵糊的量就不會錯，幾乎都能成功烤出戚風蛋糕！

Q4

雖然烤好了，但是沒有變成想像中膨脹且挺立的形狀。

A 理想中的戚風蛋糕，應該是看起來非常美味、像上方照片一樣形狀完美膨脹的樣子。也就是烤好放涼後蛋糕體挺立膨脹的程度約是高出模具3cm，且在蛋糕體裂開的地方也呈現烤得恰到好處的顏色。此外，烤好後沒有回縮的話就是最佳形狀。烤好後卻失敗的戚風蛋糕形狀有以下三個例子。

■**超出模具外的部分膨脹如爆炸般**
打出空氣含量多但沒有密度、偏硬的蛋白霜，且在和蛋黃麵糊混合時沒有確實操作，就會發生這個現象。在脫模後常會有底部空洞（詳細請看P44的Q5）和回縮的狀況。

NG!

NG!

■**放涼後膨脹的部分都塌下去**
打出空氣含量多、沒有密度且稀稀的蛋白霜，且在和蛋黃麵糊混合時沒有確實操作的話，即使烤好後呈現超出模具般的大幅膨脹，也會馬上塌陷。脫模後經常會有底部空洞、蛋糕體回縮、沒有彈性、蛋糕體有大洞等失敗。

NG!

■**蛋糕體沒有膨脹感，呈現山一般的形狀**
打出空氣含量不足、密度高且偏硬的蛋白霜，確實和蛋黃麵糊混合後，雖然在烤箱中會呈現膨脹且挺立的狀態，但冷卻後膨脹處就會凹陷，變成山一般的形狀。因為蛋糕體不夠挺立，所以質地會壓縮，變成欠缺蓬鬆口感的戚風蛋糕。

Q5 底部的中心圓筒狀周圍出現形狀如甜甜圈般的凹洞。

A 產生形狀如甜甜圈般的凹洞、中央圓筒狀周圍部分產生倒環形空洞，這個狀態就稱為「上凹」。混合蛋黃麵糊和蛋白霜時力道太強、以不規則的方式攪拌，就會使麵糊的狀態不均，還有些沒有完全混合的麵糊混在其中。這些與油脂分離的麵糊在烘烤中往下沉，造成所謂的上凹現象。

重點是要打出質地均一且沒有結塊的蛋白霜，且要將蛋黃麵糊和蛋白霜均勻混合。和空氣含量無關，但密度較低且稀稀的蛋白霜，在和蛋黃麵糊混合時，即使有均勻混合攪拌，還是有很高的機率會出現上凹的狀態。

NG!

Q6 蛋糕上半部呈現蛋糕體壓縮在一起的回縮狀態。原因是什麼呢？

NG!

A 打出空氣含量多蛋密度不足、稀稀糊糊的蛋白霜且在混合時沒有確實操作的話，在烤好後會呈現滿出模具的大幅膨脹狀態。這些膨脹的部分在從烤箱取出時就會極度壓縮，壓縮部分的質地就會呈現氣孔堵塞的狀態。這就稱為回縮。

此外，在將蛋白霜與蛋黃麵糊混合時，因為怕麵糊變得稀軟塌陷而在沒有混合好的狀態就停手，或是以不規則的力道和不規則的方式混拌而使麵糊稀軟塌陷時，就會造成麵糊結塊。如此一來，同一個調理盆中的麵糊濃度卻不一致，就會造成烤後回縮。在混合麵糊時，即使麵糊開始變得稀軟也不要放棄攪拌，請持續攪拌到麵糊整體狀態一致為止。只要有混拌均勻的麵糊，就算麵糊稍微有點變稀也不至於會造成回縮。訣竅是要以固定的力道和規律攪拌。

Q7 為什麼模具中央圓筒周圍的蛋糕體會剝離而產生空洞？

A 將蛋糕脫模後，原本應該要附著在圓筒上的蛋糕體有部分剝離，或是呈現有圈如甜甜圈般一圈空洞的狀態。這雖然不是什麼很嚴重的失敗，不過在將蛋黃麵糊和蛋白霜混合時太快混合完畢，就很容易會造成這個現象。也就是說，這是因混拌時沒有確實操作所引起的。當圓筒處周圍出現空洞時，代表蛋黃麵糊和蛋白霜已經混合均勻到一定程度了，但如果再多混拌一下會更好。

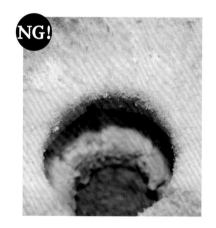

NG!

a b

Q8
為什麼在將蛋糕脫模後側面會出現縮腰？

NG!

A 這是常見的問題。脫模後側面馬上出現縮腰的時候，請思考一下製作麵糊時是不是沒有確實拌混均勻。沒有確實混合攪拌的話，整體會變得太過輕盈，且麵糊的量也很容易變得過多，就會變成只是柔軟但沒有彈性的戚風蛋糕。如果調理盆中最後混合好的麵糊量過多，就要知道這是因為混合不夠徹底、麵糊還含有大量空氣。在混合蛋黃麵糊和蛋白霜時，最好要保持固定的力道和速度，以不混入過多空氣的方式攪拌。如果真的確實混合均勻的話，整體的麵糊量應該會剛好才對。

此外，太早將烤好的戚風蛋糕脫模的話，也一樣會造成縮腰的現象。如果在烤箱中呈現如溢出般的膨脹時也要多留意！要知道這就是攪拌不夠充分造成的。

Q9
烤好後蛋糕內部有很大的洞。

NG!

A 蛋＋粉類＋水分＋油脂＋蛋白霜。在戚風蛋糕的基本配方中加入巧克力、乳酪等有重量的餡料等時，或是加入果醬、果泥等有調整水量的食譜時，很容易發生這類的失敗。在將蛋黃麵糊與蛋白霜混合時如果有混合不均的結塊，同一個調理盆中就會混合著濃度不同的麵糊。因為濃度不同，所以膨脹的方式也就不同，烘烤時較重的部分會不易膨脹而往下沉。只要有一處有麵糊下沉，承受到重量的較輕的麵糊就會開始剝離並產生龜裂，造成巨大的空洞。訣竅是將蛋黃麵糊和質地均勻的蛋白霜混合且絕不能讓麵糊變稀軟。

Q10
切開蛋糕發現蛋糕體中有很大的空洞。

A 切開後看到的戚風蛋糕空洞，大致上可以分成三類。第一種是在混合蛋黃麵糊和蛋白霜時混入太多空氣，或是在將麵糊倒入模具時混入空氣而造成的「空氣孔洞」。空氣孔洞並不會影響口感，切塊時側面出現約1～2個的話就沒問題。在將麵糊倒入模具時，也請一定要用筷子壓出空氣。

第二種是在洞的周圍有一層白色的膜，還有點濕濕的黏黏的「蛋白霜孔洞」（照片a）。在混合蛋黃麵糊和蛋白霜時，留有蛋白霜的結塊正是造成烤出孔洞的原因。在攪拌時記得不要將橡皮刮刀提起，然後將蛋白霜混合攪拌至沒有結塊殘留為止。

第三種是形狀和大小都不規則的孔洞。這是因為麵糊濃度不平均而造成的「攪拌過頭孔洞」（照片b）。和空氣含量無關，但打出密度不夠、稀稀糊糊的蛋白霜且在和蛋黃麵糊混合時過度攪拌，就是造成這類空洞的原因。

Q12

脫模後
蛋糕
縮皺成一團。

NG!

Q13

脫模時不小心
將刀子戳進蛋糕的
側面處。

NG!

Q11

想將蛋糕
倒過來放涼時,
蛋糕整個從模具中
掉下來。

A 這是因為烘烤時間不足、水
分太多而使麵糊過重導致
的。尤其是香蕉戚風蛋糕等,在
麵糊中加入果泥等時很容易產生
的失敗,但如果能照著食譜的分
量準確測量使用的話,就不會有
問題。

此外,如Q9所述產生大孔洞
時,立在瓶子上放涼時,蛋糕也
有較高的機率會掉下來。

A 有等蛋糕完全冷卻後才脫
模嗎?因為戚風蛋糕是水
分含量多的蛋糕,所以如果沒有
馬上倒過來或是沒有充分放涼才
脫模,就會變成爛爛皺縮的狀
態。此外,建議在放涼後將蛋糕
包上保鮮膜,而為了避免吸附其
他食物的味道,所以要放進塑膠
袋裡,以倒過來的狀態放進冰箱
裡。冷藏一晚、待蛋糕的狀態穩
定後再脫模會比較好。

A 蛋糕膨脹到超出模具外時,
會因為無論如何都不想破壞
膨脹的部分而將抹刀斜斜地向內
側戳進去。這時只要將膨脹的蛋
糕側面輕輕往中央方向壓一下,
這樣就能看見邊緣的縫隙,一邊
留意邊緣一邊逐次將抹刀戳入。
這樣一來就沒問題了。如果有悶
悶的撞擊聲就表示戳進側面蛋糕
體太多次了,請多加留意。這個
步驟沒有什麼訣竅,就只能多加
練習了。

請選用較硬質的抹刀。如果
用有彈性的抹刀的話,要以這樣
的狀態從頭開始脫模會比較難戳
進蛋糕側面。

有不會壓壞戚風蛋糕
又能切得漂亮的
方法嗎？

A 將刀刃稍微用火加熱過再切
吧。以將刀刃以慢慢前後
移動、不壓壞蛋糕的方式切。推
薦使用切麵包時用的波浪刀。如
果是有鮮奶油霜等裝飾的戚風蛋
糕，則每切一刀就要用沾濕的布
巾將加熱過的刀刃擦乾淨。

將蛋糕脫模後
要如何
處理模具？

A 將蛋糕脫模之後，中央圓筒
處、模具的底部和側面都會
沾附著蛋糕。首先，請先用刮板
把沾附在模具上的蛋糕都刮除。
如果是鋁製模具的話，再用沾上
洗碗精的鋼刷輕輕刷洗即可。仔
細沖洗後再確實擦乾水分，晾乾
後再收起來。

請告訴我戚風蛋糕的
賞味期限和
能好好保存的方法。

A 本書中介紹的戚風蛋糕，賞
味期限是從烤好那天算起的
5天內，基本上都要冷藏保存。
剛烤好的蛋糕質地還不夠穩定，
味道也還沒完全融入蛋糕中，因
此烤好後的3～4天時是最美味
的。但如果直接冷冷的吃會不太
好吃，所以取出後請置於室溫一
段時間後再吃。

戚風蛋糕也可以冷凍保存。
切塊後用保鮮膜包起來，為了避
免吸附其他食物的味道，裝進冷
凍用的食物保存袋中密封起來，
再放進冷凍庫。以2週為期限、
儘早吃完吧。

剩下的戚風蛋糕的
再利用方法是？

A 如果戚風蛋糕有剩下的話，
就用烤箱烘烤乾燥、變身成
脆硬餅乾吧。酥酥脆脆的口感也
是一種全新的美味。將戚風蛋糕
切成約1cm厚，再將兩面都裹滿
細砂糖，排放在鋪好烘焙紙的烤
盤上。以預熱至160℃的烤箱烘烤
10～20分鐘。如果喜歡外側酥
脆內部蓬鬆的口感就以短時間烘
烤，如果想做出脆硬餅乾般硬硬
的口感就烤久一點，請以喜好調
整烘烤時間。

蛋白霜特別講座

在紙本再現曾於甜點教室
開班授課的蛋白霜特訓課程。

能駕馭蛋白霜，就能駕馭戚風蛋糕

能判斷蛋白霜好壞的標準不是只有「硬度」。在打發蛋白霜時要留意的還有「空氣含量」和「密度」。為了做出完美的蛋白霜，手持式電動攪拌器的移動方式是非常重要的。

硬度
由攪拌頭轉動次數和動作的時間決定。

空氣含量
透過大幅度移動攪拌頭就能讓蛋白霜打入空氣。

密度
透過將攪拌頭小幅度地移動就能增加蛋白霜的密度。

打好蛋白霜時，用手持式電動攪拌器的攪拌頭輕輕壓著調理盆底部移動看看，如果能感覺到抵抗般的彈性，那就是成功了。還有，成功的蛋白霜會有如同珍珠光澤般，散發不那麼刺眼的光澤。接著，在和蛋黃麵糊混合的時候，不會有中間切斷的蛋白霜到處分散，而是能順利地混拌融在一起。

透過依照標示的時間及將攪拌頭分別以適合的方式操作移動，就能做出結合「硬度」、「空氣含量」、「密度」三項特質、質地均衡的蛋白霜。

●打蛋白霜的順序與操作的標準時間

將下方的表和碼表放在旁邊，
為了做出紮實挺立且有延展性的蛋白霜，
請同時實際測量時間並不斷重複練習看看。

1	低速	將蛋白慢慢打散	45秒〜1分鐘
2	高速	小幅度地以畫小圓圈般的方式移動	30秒
3	高速	小幅度地以畫小圓圈般的方式反向移動	15秒
4	高速	大幅度移動，輕輕地調整整體質地	10秒
5	高速	加入第1次砂糖。將砂糖打散至整體。	
6	高速	大幅度地快速移動。	10秒
7	高速	加入第2次砂糖。將砂糖打散至整體。	
8	高速	大幅度、快速&小幅度地以畫小圓圈般的方式移動	15〜20秒
9	高速	加入第3次砂糖。將砂糖打散至整體。	
10	高速	大幅度且快速地移動。	5〜10秒
11	低速	小幅度地以畫小圓圈般的慢慢仔細移動	30秒
12	低速	仔細地、輕輕地快速移動	10秒
13	低速	如鐘擺般快速移動	5秒×3次
14	低速	調整質地	

蛋白霜的「空氣含量、密度、硬度」之間的關係

空氣含量

密度　　　　硬度

空氣含量
打入的空氣太多，整體的體積就會變大。
打入的空氣太少，整體的體積會變小。

密度和硬度
蛋白霜的密度夠的話，就算打得太過硬挺也不至於會和水分分離。
蛋白霜的密度夠的話，就算打得有點稀稀軟軟，在和蛋黃麵糊混合時也不會讓整體變太稀。
如果蛋白霜的密度不夠，就算只是稍微打發過頭，在和蛋白霜混合時就會有塊狀參雜其中。
蛋白霜密度不夠且打得稀稀軟軟的話，在和蛋黃麵糊混合時就會讓麵糊塌陷。

空氣含量和密度
蛋白霜的密度夠但如果打入的空氣含量不夠，會使體積變小且變得黏稠。在和蛋黃麵糊混合時雖然很容易融合在一起，但最後完成的麵糊體積會太少。因此倒入模具的麵糊量太少，烤好的戚風蛋糕會高度不夠、甜味太過凝縮且質地偏硬。
蛋白霜的密度足夠但打入的空氣含量太多的話，會使體積增加、質地變得太過輕盈。在和蛋黃麵糊混合時會很難融合在一起，即使攪拌了幾十次最後完成的麵糊分量也不會減少。因此倒入模具中的麵糊量會太多。烤出來的戚風蛋糕雖然高度夠但整體味道會很不明顯且沒什麼彈性。

1 慢慢將蛋白打散

低速 45秒～1分鐘

將手持式電動攪拌器的攪拌頭垂直放入調理盆的正中央。這時候要讓攪拌頭碰到盆底。放鬆手腕的力道。

不要移動攪拌頭。讓調理盆由中心向外側整體布滿細緻的白色氣泡，不要著急，慢慢地等待45秒～1分鐘。

2 小幅度地以畫小圓圈般的方式移動

高速 30秒

將攪拌頭小幅度地以畫小圓般的方式移動，同時用左手將調理盆以每次約1cm的幅度逐次逆時針轉動來打發。這時描繪的圓形大概和攪拌頭差不多大即可，不要畫太大的圓。總之就是小幅度地慢慢移動，約畫個1～2個圓周。

3 小幅度地以畫小圓圈般的方式反向移動

高速 15秒

如果不將攪拌頭確實貼著調理盆側面移動的話,水分含量較多的蛋白會很容易積在側面或盆底。改變攪拌頭移動的方向,以小幅度畫小圓的方式移動,這樣攪拌頭會比較容易接觸到調理盆側面。以這個方式移動一周。

4 大幅度移動,輕輕地調整整體質地

高速 10秒

以畫出漩渦狀的方式,將攪拌頭由調理盆中央向外側移動,以打入空氣的方式攪打。

5 加入第1次砂糖。將砂糖打散至整體。

高速

首先先加入1/3的細砂糖。以要將加入的細砂糖和周圍蛋白混合的方式,逐次慢慢地移動攪拌頭。

6 大幅度地快速移動。

高速 10秒

將細砂糖打散至整體後,將攪拌頭大幅度且快速移動。由調理盆中央向外側以畫出漩渦狀的方式一邊打入空氣一邊打發。

7 加入第2次砂糖。
將砂糖打散至整體。

整體質地變得一致後,就是加入第二次細砂糖的時機。和第一次一樣,加入1/3的細砂糖並打散到整體。

高速

8 大幅度、快速&小幅度地
以畫小圓圈般的方式移動

高速 15~20秒

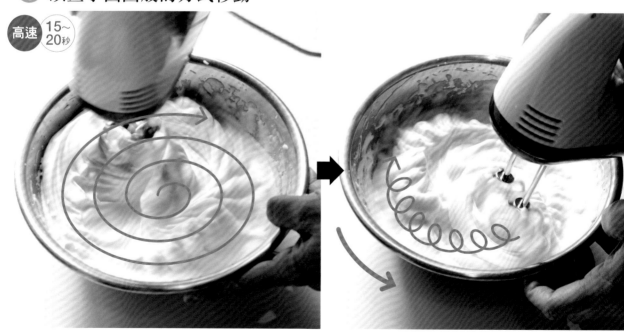

大幅度、快速地由調理盆中央向外側,以畫出漩渦狀的方式一邊打入空氣一邊打發。接著以小幅度畫小圓圈且同時讓攪拌頭碰觸調理盆側邊的方式打發。以這兩種方式反覆交替進行攪打。

9 加入第3次砂糖。
將砂糖打散至整體。

高速

整體質地變得一致後，就是加入第三次細砂糖的時機。和第1～2次一樣，加入1/3的細砂糖並打散到整體。

10 大幅度地快速移動

高速 5～10秒

將攪拌頭大幅度且快速移動。由調理盆中央向外側以畫出漩渦狀的方式一邊打入空氣一邊打發。

11 小幅度地以畫小圓圈般慢慢仔細移動

低速 30秒

12 仔細地、輕輕地快速移動

低速 10秒

將攪拌頭以輕輕碰撞調理盆側面的方式移動攪打，來提升蛋白霜的密度。

這時候的蛋白霜質地還很粗糙。將攪拌頭確實接觸盆底並轉為低速。將調理盆慢慢地以每次約1cm的幅度逐次往逆時針方向轉動，同時將攪拌頭以畫小圓的方式轉動並輕輕撞擊調理盆側面來攪打。慢慢移動攪拌頭，調整蛋白整體的質地。

13 如鐘擺般快速移動

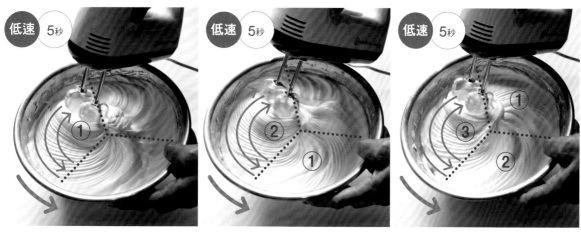

將調理盆往上抬,將攪拌頭如鐘擺幅度般移動3次,換個位置後再做3次,繞行調理盆一周。

蛋白霜完成了

「你看!充滿光澤感,
有彈性也有延展度的蛋白霜完成了!
以提起攪拌頭時會拉出紮實挺立尖角
且將調理盆倒過來也不會滴落的
硬度為基準。」

14 調整質地

最後放鬆操作攪拌頭的力道
並慢慢地隨機在蛋白霜整體
攪打,調整整體的質地,做
出延展性。

part3 *Variation*

standard, fruits & vegetable, Japanese taste, spice...

各種風味的
變化款戚風蛋糕

熟練基本的操作後，就能加入夾餡或
散發香氣的食材來做出各種變化，
這就是戚風蛋糕的迷人之處。

從必備的各種口味，
到使用水果、和風食材或香辛料等，
為各位介紹許多不同風味的戚風蛋糕。

請務必從很適合下午茶的且自己喜歡的
戚風蛋糕開始嘗試看看。

柳橙
orange

有彈性
且蓬鬆柔軟的口感，
還有清爽的柳橙香氣。
用和柳橙非常搭的白巧克力
做裝飾也非常吸引人。

材料（各1個份）　　　[17cm模具]　　[20cm模具]

● 蛋黃麵糊

材料	17cm模具	20cm模具
蛋黃	60g	100g
柳橙汁（100%純果汁）	75g	125㎖
沙拉油	45g	76g
食用柳橙香精	7滴	11滴
低筋麵粉	75g	125g

● 蛋白霜

材料	17cm模具	20cm模具
蛋白	140g	232g
細砂糖	60g	100g

● 裝飾

材料	17cm模具	20cm模具
調溫巧克力*（白巧克力）	60g	100g
磨碎檸檬皮（有的話）	適量	適量

＊請選用烘焙用巧克力中可可脂含量高且品質好的巧克力。

烘烤時間		17cm模具	20cm模具
	瓦斯烤箱 180℃	22～25分鐘	35～40分鐘
	電烤箱 170℃	35～40分鐘	50～55分鐘

事前準備
● 將蛋黃和蛋白分別打入兩個調理盆中。
● 在製作蛋黃麵糊時，將蛋白連同調理盆一起放入冷凍庫，冰到邊緣呈現果凍狀。
● 將低筋麵粉放入食物保存用的塑膠袋中，以混入空氣般的方式晃動。

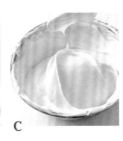

a　　b　　c

作法

1 製作蛋黃麵糊。用打蛋器將蛋黃打散，依序加入柳橙汁（照片**a**）、沙拉油，每加入一種材料都要攪拌均勻。滴入食用柳橙香精，將低筋麵粉過篩加入，攪拌至沒有粉粒殘留（照片**b**）。

2 和基本的「製作蛋白霜」（P12．6～12）作法相同，將細砂糖加入蛋白中，打發成紮實的蛋白霜。

3 以和基本的「將蛋黃麵糊和蛋白霜混合」（P13．13～19）相同作法，將蛋白霜分成三次加入蛋黃麵糊中，用橡皮刮刀以不讓蛋白霜消泡的方式和蛋黃麵糊均勻地混合在一起。麵糊產生光澤且有蓬鬆感即可（照片**C**）。

4 以和基本的「將麵糊倒入模具」（P15．20～24）相同作法，將**3**的麵糊倒入模具裡，放入預熱好的烤箱中烘烤。

5 烤好後將模具整個倒過來放涼，以和基本的「脫模」（P16．27～30）相同作法，將蛋糕脫模。

6 將白巧克力切碎，隔水加熱或是以微波爐加熱至融化，用湯匙如拉出線條般滴在**5**上，撒上檸檬皮裝飾。因為白巧克力很快就會凝固了，所以要快速進行裝飾。

重點 ●
雖然加入柳橙汁和香精製作的蛋黃麵糊質地會比較硬，但要是增加水分的話就會讓蛋糕產生大空洞，所以就算蛋黃麵糊有點硬也不用太擔心。這是如果能將蛋黃麵糊和蛋白霜充分混合，最終麵糊就會變得十分滑順的配方。在17cm模具、20cm模具用的配方中，分別加入15㎖、25㎖的柳橙利口酒，和柳橙汁相加起來是分別加入75㎖、125㎖的水分量，就能更加凸顯柳橙的香氣。

[必備戚風蛋糕]
standard

紅茶

tea

水分就以奶茶來取代
並加入紅茶茶葉，
做出更加濃郁的香氣。
因為有使用牛奶，
所以最後完成的麵糊會比
基本的香草麵糊略稀軟一些。

材料（各1個份）　　　[17cm模具]　　[20cm模具]

● 蛋黃麵糊

	17cm模具	20cm模具
蛋黃	60g	100g

奶茶液

	17cm模具	20cm模具
紅茶茶葉A	4g	8g
水	60㎖	120㎖
牛奶	適量	適量
沙拉油	45g	76g
香草油	3滴	5滴
紅茶茶葉B	2g	4g
低筋麵粉	75g	125g

● 蛋白霜

	17cm模具	20cm模具
蛋白	140g	232g
細砂糖	65g	108g

烘烤時間		17cm 模具	20cm 模具
	瓦斯烤箱 180℃	22～25分鐘	35～40分鐘
	電烤箱 170℃	35～40分鐘	50～55分鐘

事前準備
● 將蛋黃和蛋白分別打入兩個調理盆中。
● 在製作蛋黃麵糊時，將蛋白連同調理盆一起放入冷凍庫，冰到邊緣呈現果凍狀。
● 將低筋麵粉放入食物保存用的塑膠袋中，以混入空氣般的方式晃動。
● 將紅茶茶葉B磨碎。

作法

1 製作奶茶液。在小鍋子中放入紅茶茶葉A和水，開中火萃取出濃紅茶液（照片**a**）。用茶篩過濾，17cm模具需約30㎖、20cm模具需約50㎖，加入牛奶補足17cm模具所需的液體至75㎖、20cm模具所需的液體至125㎖。

2 製作蛋黃麵糊。用打蛋器將蛋黃打散，加入**1**攪拌。加入沙拉油後攪拌，再滴入香草油、加入紅茶茶葉B攪拌（照片**b**）。將低筋麵粉過篩加入，攪拌至沒有粉粒殘留。

3 和基本的「製作蛋白霜」（P12・6～12）作法相同，將細砂糖加入蛋白中，打發成紮實的蛋白霜。

4 以和基本的「將蛋黃麵糊和蛋白霜混合」（P13・13～19）相同作法，將蛋白霜分成三次加入蛋黃麵糊中，用橡皮刮刀以不讓蛋白霜消泡的方式和蛋黃麵糊均勻地混合在一起。麵糊產生光澤且有蓬鬆感即可（照片**C**）。

a　　　b　　　c

5 以和基本的「將麵糊倒入模具」（P15・20～24）相同作法，將**4**的麵糊倒入模具裡，放入預熱好的烤箱中烘烤。

6 烤好後將模具整個倒過來放涼，以和基本的「脫模」（P16・27～30）相同作法，將蛋糕脫模。

重點 ●

紅茶戚風蛋糕是會做出膨脹程度不夠、很容易產生上凹現象的麵糊。如果失敗的話，請在低筋麵粉中加入1小匙的泡打粉和1/2小匙的烘焙用蘇打粉（17cm模具）試試看。紅茶則是建議使用香氣更佳的伯爵茶或阿薩姆。

焙煎咖啡

coffee

重點是要使用咖啡豆和
咖啡利口酒的雙重咖啡香。
是一款帶有略苦滋味的成熟香氣、
風味豐富的戚風蛋糕。

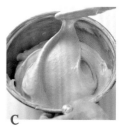

a　　　　b　　　　c

材料（各1個份）　　　[17cm模具]　[20cm模具]

● 蛋黃麵糊

	17cm模具	20cm模具
蛋黃	60g	100g
水	60ml	100ml
咖啡利口酒（卡魯哇咖啡酒）	15ml	25ml
沙拉油	45g	76g
低筋麵粉	75g	125g
咖啡豆粉	5g	8g

● 蛋白霜

	17cm模具	20cm模具
蛋白	140g	232g
細砂糖	65g	108g

		17cm模具	20cm模具
烘烤時間	瓦斯烤箱 180℃	22～25分鐘	35～40分鐘
	電烤箱 170℃	35～40分鐘	50～55分鐘

事前準備

● 將蛋黃和蛋白分別打入兩個調理盆中。
● 在製作蛋黃麵糊時，將蛋白連同調理盆一起放入冷凍庫，冰到邊緣呈現果凍狀。
● 將低筋麵粉和咖啡豆粉一起放入食物保存用的塑膠袋中，以混入空氣般的方式晃動。

作法

1　製作蛋黃麵糊。用打蛋器將蛋黃打散，依序加入水和咖啡利口酒混合成的液體、沙拉油，每加入一種材料都要攪拌均勻。將粉類放入網篩中，一邊用橡皮刮刀刮磨過篩加入。低筋麵粉過篩加入（照片**a**）。用打蛋器攪拌至沒有粉粒殘留（照片**b**）。

2　和基本的「製作蛋白霜」（P12・6～12）作法相同，將細砂糖加入蛋白中，打發成紮實的蛋白霜。

3　以和基本的「將蛋黃麵糊和蛋白霜混合」（P13・13～19）相同作法，將蛋白霜分成三次加入蛋黃麵糊中，用橡皮刮刀以不讓蛋白霜消泡的方式和蛋黃麵糊均勻地混合在一起。麵糊產生光澤且有蓬鬆感即可（照片**c**）。

4　以和基本的「將麵糊倒入模具」（P15・20～24）相同作法，將3的麵糊倒入模具裡，放入預熱好的烤箱中烘烤。

5　烤好後將模具整個倒過來放涼，以和基本的「脫模」（P16・27～30）相同作法將蛋糕脫模。

6　切片盛入容器中，依喜好附上鮮奶油霜。

[咖啡豆粉]

直接將咖啡豆磨碎而成的細緻粉末。特色是帶有咖啡原始的芳醇風味。

抹茶甜納豆
maccha & amanatto

色彩是鮮豔的深綠色且帶有
濃郁抹茶香氣的和風戚風蛋糕。
將最佳拍檔大納言甜納豆
混入麵糊中。

材料（各1個份）　　　　　[17cm模具]　　[20cm模具]

● 蛋黃麵糊

蛋黃	60g	100g
牛奶	75㎖	125㎖
沙拉油	45g	76g
香草油	3滴	5滴
低筋麵粉	67g	112g
抹茶粉	8g	13g

● 蛋白霜

蛋白	140g	232g
細砂糖	65g	108g
甜納豆	25g	50g

	17cm模具	20cm模具
烘烤時間 瓦斯烤箱 180℃	22～25分鐘	35～40分鐘
電烤箱 170℃	35～40分鐘	50～55分鐘

事前準備

● 將蛋黃和蛋白分別打入兩個調理盆中。
● 在製作蛋黃麵糊時，將蛋白連同調理盆一起放入冷凍庫，冰到邊緣呈現果凍狀。
● 將低筋麵粉和抹茶粉一起放入食物保存用的塑膠袋中，以混入空氣般的方式晃動。
● 甜納豆的表面如果有砂糖的話要先洗掉，再擦乾水分。顆粒太大的要先切成小塊。

作法

1 製作蛋黃麵糊。用打蛋器將蛋黃打散，依序加入牛奶、沙拉油，每加入一種材料都要攪拌均勻。將粉類過篩加入。低筋麵粉過篩加入。攪拌至沒有粉粒殘留（照片**a**）。

2 和基本的「製作蛋白霜」(P12・6～12)作法相同，將細砂糖加入蛋白中，打發成紮實的蛋白霜。

3 以和基本的「將蛋黃麵糊和蛋白霜混合」(P13・13～19)相同作法，將蛋白霜分成三次加入蛋黃麵糊中，用橡皮刮刀以不讓蛋白霜消泡的方式和蛋黃麵糊均勻地混合在一起。麵糊產生光澤且有蓬鬆感即可（照片**b**）。

4 參考基本的「將麵糊倒入模具」(P15・20～24)作法，將一半的**3**的麵糊倒入模具裡，用筷子去除麵糊的空氣後再平均地放入甜納豆。將剩下的麵糊以要蓋住甜納豆的方式倒入（照片**c**），用橡皮刮刀將麵糊抹到沾在模具邊緣上。放入預熱好的烤箱中烘烤。

5 烤好後將模具整個倒過來放涼，以和基本的「脫模」(P16・27～30)相同作法將蛋糕脫模。

重點 ●

加入抹茶粉後，蛋黃麵糊會變重。而且因為還加入了牛奶，所以如果在將蛋黃麵糊與蛋白霜混合時太用力的話，最後完成的麵糊會變得稀稀軟軟。如果這樣的話，因為放入甜納豆會沉到最下面，所以就不要加了，請將最後的麵糊做出柔軟的感覺就好。

a

b

c

材料 [17cm 模具 1 個份]

● 蛋黃麵糊
　蛋黃 —————————— 50g
　香蕉 1 小根（淨重）65g
　　　　＋柳橙汁補足到 115㎖
　沙拉油 ————————— 36g
　香草油 ——————— 3 ～ 4 滴
　香蕉利口酒（有的話）
　　　　　　　————— ½ 小匙
　低筋麵粉 ———————— 56g
● 蛋白霜
　蛋白 ———————— 120g
　細砂糖 ———————— 50g

	17cm 模具	
烘烤時間 ●	瓦斯烤箱 180℃	22 ～ 35 分鐘
	電烤箱 170℃	35 ～ 40 分鐘

事前準備
● 將蛋黃和蛋白分別打入兩個調理盆中。
● 在製作蛋黃麵糊時，將蛋黃連同調理盆一起放入冷凍庫，冰到邊緣呈現果凍狀。
● 將低筋麵粉放入食物保存用的塑膠袋中，以混入空氣般的方式晃動。

[必備戚風蛋糕]
standard

banana

香蕉

從濕潤的蛋糕體中
散發出熟成香蕉的甘甜香氣。
是必學且長久以來
都很受歡迎的
一款戚風蛋糕。

a　　　b

作法

1 將香蕉用擀麵棍等壓爛成泥狀（照片 **a**），放進量杯裡，加入柳橙汁補足至 115㎖。

2 製作蛋黃麵糊。用打蛋器將蛋黃打散，加入 **1** 攪拌。加入沙拉油攪拌後加入香草油，如果有香蕉利口酒也在這時加入。將低筋麵粉過篩加入，攪拌至沒有粉粒殘留。

3 和基本的「製作蛋白霜」（P12．6 ～ 12）作法相同，將細砂糖加入蛋白中，打發成紮實的蛋白霜。

4 以和基本的「將蛋黃麵糊和蛋白霜混合」（P13．13 ～ 19）相同作法，將蛋白霜分成三次加入蛋黃麵糊中，用橡皮刮刀以不讓蛋白霜消泡的方式和蛋黃麵糊均勻地混合在一起。麵糊產生光澤且有蓬鬆感即可（照片 **b**）。

5 參考基本的「將麵糊倒入模具」（P15．20 ～ 24）作法，將 **4** 的麵糊倒入模具裡，放入預熱好的烤箱中烘烤。

6 烤好後將模具整個倒過來放涼，以和基本的「脫模」（P16．27 ～ 30）相同作法將蛋糕脫模。

重點 ●

將香蕉等水果壓成泥狀加入後，會很容易烤出空洞，或是整體重量太重，在倒過來放涼的時候會從模具脫落等失敗。這裡介紹比較好操作的 17cm 模具所需分量，請確實秤量。建議使用皮開始出現褐色斑點的熟成香蕉，其甜味和香氣都較為濃郁。

材料（各1個份）　　　[17cm模具]　[20cm模具]

- **蛋黃麵糊**

	17cm模具	20cm模具
蛋黃	60g	100g
水	45㎖	75㎖
檸檬汁	20㎖	35㎖
沙拉油	45g	76g
磨碎的檸檬皮	½個份	1個份
食用檸檬香精	6滴	10滴
低筋麵粉	75g	125g
蔓越莓果乾	55g	90g

- **蛋白霜**

	17cm模具	20cm模具
蛋白	140g	232g
細砂糖	65g	108g

		17cm模具	20cm模具
烘烤時間	瓦斯烤箱 180℃	22～25分鐘	35～40分鐘
	電烤箱 170℃	35～40分鐘	50～55分鐘

事前準備

- 將蛋黃和蛋白分別打入兩個調理盆中。
- 在製作蛋黃麵糊時，將蛋白連同調理盆一起放入冷凍庫，冰到邊緣呈現果凍狀。
- 將低筋麵粉放入食物保存用的塑膠袋中，以混入空氣般的方式晃動。
- 將蔓越莓果乾切碎，裹上低筋麵粉（額外分量）。

作法

1 製作蛋黃麵糊。用打蛋器將蛋黃打散，依序加入水和檸檬汁混合成的液體（照片**a**）、沙拉油，每加入一種材料都要攪拌均勻。加入磨碎的檸檬皮、滴入食用檸檬香精，將低筋麵粉過篩加入，攪拌至沒有粉粒殘留，最後加入蔓越莓混合攪拌。

2 和基本的「製作蛋白霜」（P12・6～12）作法相同，將細砂糖加入蛋白中，打發成紮實的蛋白霜。

3 以和基本的「將蛋黃麵糊和蛋白霜混合」（P13・13～19）相同作法，將蛋白霜分成三次加入蛋黃麵糊中，用橡皮刮刀以不讓蛋白霜消泡的方式和蛋黃麵糊均勻地混合在一起。麵糊產生光澤且有蓬鬆感即可（照片**b**）。

4 以和基本的「將麵糊倒入模具」（P15・20～24）相同作法，將**3**的麵糊倒入模具裡，放入預熱好的烤箱中烘烤。

5 烤好後將模具整個倒過來放涼，以和基本的「脫模」（P16・27～30）相同作法將蛋糕脫模。

重點 ●

因為會使用磨碎的檸檬皮，所以請選擇無農藥種植的檸檬。

a

b

[水 果 & 蔬 菜]
fruits &
vegetables

蔓越莓 & 檸檬 *cranberry & lemon*

充滿檸檬清爽風味的戚風蛋糕。
滋味酸甜的紅色蔓越莓
為蛋糕增添可愛的感覺。

黑醋栗 &
優格

black currant & yogurt

充滿優格微微酸味的
美味戚風蛋糕。
黑醋栗則是為溫和圓潤的
風味增添變化。

材料（各1個份）　　　［17cm模具］　［20cm模具］

● 蛋黃麵糊

	17cm模具	20cm模具
蛋黃	60g	100g
原味優格	75g	125g
沙拉油	36g	58g
低筋麵粉	75g	125g
黑醋栗果乾	40g	80g

● 蛋白霜

	17cm模具	20cm模具
蛋白	140g	232g
細砂糖	60g	100g
檸檬汁	15㎖	25㎖

		17cm模具	20cm模具
烘烤時間	瓦斯烤箱 180℃	22〜25分鐘	35〜40分鐘
	電烤箱 170℃	35〜40分鐘	50〜55分鐘

事前準備
● 將蛋黃和蛋白分別打入兩個調理盆中。
● 在製作蛋黃麵糊時，將蛋黃連同調理盆一起放入冷凍庫，冰到邊緣呈現果凍狀。
● 將低筋麵粉放入食物保存用的塑膠袋中，以混入空氣般的方式晃動。
● 將黑醋栗果乾裹上低筋麵粉（額外分量）。

a

b

c

d

作法

1 製作蛋黃麵糊。用打蛋器將蛋黃打散，依序加入優格、沙拉油，每加入一種材料都要攪拌均勻。將低筋麵粉過篩加入，攪拌至沒有粉粒殘留，最後加入黑醋栗果乾混合攪拌（照片**a**）。

2 和基本的「製作蛋白霜」（P12・**6** 〜 **12**）作法相同，將細砂糖和檸檬汁加入蛋白中，打發成紮實的蛋白霜。細砂糖分成3次加入，檸檬汁則分次少量加入。

3 以和「只用橡皮刮刀混拌」（P14）相同作法，將蛋白霜分成三次加入蛋黃麵糊中。用橡皮刮刀以不讓蛋白霜消泡的方式和蛋黃麵糊均勻地混合在一起（照片**b**、**c**）。麵糊呈現光澤感與蓬鬆狀的話即可（照片**d**）。

4 以和基本的「將麵糊倒入模具」（P15・**20** 〜 **24**）相同作法，將 **3** 的麵糊倒入模具裡，放入預熱好的烤箱中烘烤。

5 烤好後將模具整個倒過來放涼，以和基本的「脫模」（P16・**27** 〜 **30**）相同作法將蛋糕脫模。

重點 ●

為了讓蛋糕體充滿檸檬風味而加入大量檸檬汁製作的蛋白霜，會很容易稀糊塌陷。請一邊分次少量加入檸檬汁一邊打發。此外，因為是加了優格的麵糊，所以在混合蛋黃麵糊和蛋白霜時，要採取從一開始就只用橡皮刮刀的作法。

材料（各1個份） [17cm 模具] [20cm 模具]

● 蛋黃麵糊

材料	17cm 模具	20cm 模具
蛋黃	60g	100g
水	65㎖	110㎖
沙拉油	45g	76g
低筋麵粉	70g	117g
椰子粉	5g	8g
細椰絲	15g	25g
芒果果乾	40g	70g

● 蛋白霜

材料	17cm 模具	20cm 模具
蛋白	140g	232g
細砂糖	65g	108g

		17cm 模具	20cm 模具
烘烤時間	瓦斯烤箱 180℃	22～25分鐘	35～40分鐘
	電烤箱 170℃	35～40分鐘	50～55分鐘

[水果 & 蔬菜]
fruits &
vegetables

coconut & mango

椰子 & 芒果

充滿甘甜香氣的椰子與凝縮甜味的芒果，
熱帶風味的椰子和果乾是最棒的組合。

事前準備
● 將細椰絲切碎，放入160度的烤箱中烤到呈現
金黃色，放涼。
● 將蛋黃和蛋白分別打入兩個調理盆中。
● 在製作蛋黃麵糊時，將蛋白連同調理盆一起放
入冷凍庫，冰到邊緣呈現果凍狀。
● 將低筋麵粉和椰子粉一起放入食物保存用的塑
膠袋中，以混入空氣般的方式晃動。
● 將芒果果乾先切碎。

a　　　　　b　　　　　c

作法

1 製作蛋黃麵糊。用打蛋器將蛋黃打
散，依序加入水、沙拉油，每加入一種材
料都要攪拌均勻。將混合好的粉類過篩加
入混合，再加入細椰絲和芒果果乾（照片
a），攪拌至沒有粉粒殘留（照片 **b**）。

2 和基本的「製作蛋白霜」（P12・**6**～**12**）
作法相同，將細砂糖加入蛋白中，打發成
紮實的蛋白霜。

3 以和基本的「將蛋黃麵糊和蛋白霜混
合」（P13・**13**～**19**）相同作法，將蛋白霜
分成三次加入蛋黃麵糊中，用橡皮刮刀以
不讓蛋白霜消泡的方式和蛋黃麵糊均勻地
混合在一起。麵糊產生光澤且有蓬鬆感即
可（照片 **c**）。

4 以和基本的「將麵糊倒入模具」（P15・
20～**24**）相同作法，將 **3** 的麵糊倒入模具
裡，放入預熱好的烤箱中烘烤。

5 烤好後將模具整個倒過來放涼，以和
基本的「脫模」（P16・**27**～**30**）相同作法，
將蛋糕脫模。

[水果 & 蔬菜]
fruits &
vegetables

羅勒青醬
& 番茄果乾

jenovese & dry tomato

加入以羅勒葉製成香氣十足的羅勒青醬
以及番茄果乾烘烤而成。很適合搭配紅酒享用，
是甜度較低、成熟風味的義大利式戚風蛋糕。

材料（各1個份）　　　[17cm 模具]　　[20cm 模具]

● 蛋黃麵糊

蛋黃	60g …… 100g
水	50㎖ …… 85㎖

A
　羅勒青醬（參照下述作法）
　　　　　　　　50g …… 85g
　冷壓初榨橄欖油
　　　　　　　　10㎖ …… 15㎖

低筋麵粉	75g …… 125g

● 蛋白霜

蛋白	160g …… 260g
細砂糖	30g …… 50g
檸檬汁	15㎖ …… 25㎖

番茄果乾　　　　20g …… 35g

	17cm 模具	20cm 模具
烘烤時間 瓦斯烤箱 180℃	22～25分鐘	35～40分鐘
電烤箱 170℃	35～40分鐘	50～55分鐘

事前準備
● 將蛋黃和蛋白分別打入兩個調理盆中。
● 在製作蛋黃麵糊時，將蛋白連同調理盆一起放入冷凍庫，冰到邊緣呈現果凍狀。
● 將低筋麵粉放入食物保存用的塑膠袋中，以混入空氣般的方式晃動。
● 將A充分攪拌混合。　● 將番茄果乾大略切碎。

a

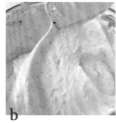

b

c

羅勒青醬（完成品180～190g）
準備50g的羅勒葉、30g松子、15g蒜末、50g磨碎的帕馬森乳酪、70㎖的冷壓初榨橄欖油。放入食物調理機或果汁機內，攪打至變成柔軟滑順的膏狀（照片右半邊）。剩下的可以冷藏保存，用來製作義大利麵和淋醬的基底。也可以放入保鮮袋中冷凍保存。

作法

1 製作蛋黃麵糊。用打蛋器將蛋黃打散，依序加入水、A，每加入一種材料都要攪拌均勻。將低筋麵粉過篩加入混合，攪拌至沒有粉粒殘留。

2 和基本的「製作蛋白霜」（P12・6～12）作法相同，將細砂糖和檸檬汁加入蛋白中，打發成紮實的蛋白霜。細砂糖分成3次加入，檸檬汁則分次少量加入（照片**a**）。

3 以和「只用橡皮刮刀混拌」（P14）相同作法，將蛋白霜分成三次加入蛋黃麵糊中。用橡皮刮刀以不讓蛋白霜消泡的方式和蛋黃麵糊均勻地混合在一起。麵糊呈現光澤感與蓬鬆狀的話即可（照片**b**）。

4 以和基本的「將麵糊倒入模具」（P15・20～24）相同作法，將一半3的麵糊倒入模具裡。用筷子去除空氣，平均地擺上番茄果乾（照片**c**）。將剩下的麵糊以蓋住番茄果乾的方式倒入，用橡皮刮刀將麵糊抹到模具的邊緣。放入預熱好的烤箱中烘烤。

5 烤好後將模具整個倒過來放涼，以和基本的「脫模」（P16・27～30）相同作法將蛋糕脫模。在吃的時候，也很推薦搭配以1大匙羅勒青醬與1小匙橄欖油的比例混合成的醬汁。

重點 ●
雖然蛋白霜會因為加入的細砂糖分量較少、檸檬汁分量較多，而讓打發作業難度增高，但還是請盡其所能地將蛋白霜打得紮實。因為加入含有乳酪粉的羅勒青醬，很容易讓麵糊變得稀軟，所以在混合蛋黃麵糊和蛋白霜時請只用橡皮刮刀操作。這是一款難度略高的戚風蛋糕。

73

堅果 *nuts*

這是一款加入各種堅果
烘烤，充滿香氣又口感
豐富的戚風蛋糕。
為了和蓬鬆柔軟的
蛋糕體取得平衡，
請將堅果切細碎吧。

材料（各1個份）　　［17cm模具］　　［20cm模具］

● 蛋黃麵糊

蛋黃	60g …… 100g
水	65㎖ …… 110㎖
A　杏仁果仁糖*1 ½ 大匙 ＋沙拉油50㎖	1大匙＋ 沙拉油85㎖
低筋麵粉	65g …… 108g
杏仁粉	10g …… 17g
堅果類（腰果、杏仁、榛 果、核桃等混合）	20g …… 50g

● 蛋白霜

蛋白	120g …… 200g
細砂糖	65g …… 110g

● 裝飾

調溫巧克力（苦甜）*2	60g …… 100g
無鹽奶油	15g …… 25g
堅果類（腰果、杏仁、榛 果、核桃等混合）	30g …… 50g

*1 將細砂糖煮成焦糖色，加入烤成金黃色的杏仁，煮至變成膏狀為止後磨碎。
*2 參照 P57。

		17cm模具	20cm模具
烘烤時間●	瓦斯烤箱 180℃	22～25分鐘	35～40分鐘
	電烤箱 170℃	35～40分鐘	50～55分鐘

事前準備

● 麵糊用和裝飾用的堅果都放入160℃的烤箱中烘烤約10分鐘，烘烤至呈漂亮的金黃色。放涼後切碎。
● 將蛋黃和蛋白分別打入兩個調理盆中。
● 在製作蛋黃麵糊時，將蛋黃連同調理盆一起放入冷凍庫，冰到邊緣呈現果凍狀。
● 將低筋麵粉和杏仁粉一起放入食物保存用的塑膠袋中，以混入空氣般的方式晃動。
● 在A的杏仁果仁糖加入沙拉油，充分攪拌至溶解。

a　b

c　d

作法

1 製作蛋黃麵糊。用打蛋器將蛋黃打散，依序加入水、A（照片**a**），每加入一種材料都要攪拌均勻。加入堅果（照片**b**），再將混合好的粉類過篩加入混合，攪拌至沒有粉粒殘留（照片**c**）。

2 和基本的「製作蛋白霜」（P12・6～12）作法相同，將細砂糖加入蛋白中，打發成紮實的蛋白霜。

3 以和基本的「將蛋黃麵糊和蛋白霜混合」（P13・13～19）相同作法，將蛋白霜分成三次加入蛋黃麵糊中，用橡皮刮刀以不讓蛋白霜消泡的方式和蛋黃麵糊均勻地混合在一起。麵糊產生光澤且有蓬鬆感即可（照片**d**）。

4 以和基本的「將麵糊倒入模具」（P15・20～24）相同作法，將**3**的麵糊倒入模具裡，放入預熱好的烤箱中烘烤。

5 烤好後將模具整個倒過來放涼，以和基本的「脫模」（P16・27～30）相同作法將蛋糕脫模。

6 將巧克力切碎，和奶油一起放入調理盆中，隔水加熱或是放入微波爐一邊觀察一邊加熱約1分30秒讓巧克力融化。用湯匙在**5**上滴落拉出線條。在巧克力凝固前於表面撒上堅果。

重點 ●

因為杏仁果仁糖富含油脂且質地很硬，所以要加入沙拉油，充分攪拌溶解備用。將堅果放入烤箱烘烤可以去除水分，讓口感更脆硬。為了不影響戚風蛋糕的柔軟口感，請將混入麵糊中的堅果切成碎末。

無花果

fig

加入和無花果非常搭配的
蘭姆酒風味，
將加入蛋白霜的細砂糖
換成黍砂糖讓風味更醇厚。

材料（各1個份）　　　[17cm模具]　　　[20cm模具]

● 蛋黃麵糊

蛋黃	60g	100g
水	50㎖	80㎖
蘭姆酒	15㎖	25㎖
沙拉油	45g	76g
低筋麵粉	75g	125g
無花果果乾（黑色的）	50g	85g

● 蛋白霜

蛋白	120g	200g
黍砂糖*	65g	110g

＊製作細砂糖的原料，帶有清爽且溫和的甜味。

		17cm模具	20cm模具
烘烤時間	瓦斯烤箱180℃	22～25分鐘	35～40分鐘
	電烤箱170℃	35～40分鐘	50～55分鐘

事前準備

● 將蛋黃和蛋白分別打入兩個調理盆中。
● 在製作蛋黃麵糊時，將蛋白連同調理盆一起放入冷凍庫，冰到邊緣呈現果凍狀。
● 將低筋麵粉放入食物保存用的塑膠袋中，以混入空氣般的方式晃動。
● 將無花果果乾切碎。

a

作法

1 製作蛋黃麵糊。用打蛋器將蛋黃打散，依序加入混合好的水和蘭姆酒、沙拉油攪拌。過篩加入低筋麵粉，攪拌至沒有粉粒殘留。最後加入無花果果乾混合攪拌。

2 和基本的「製作蛋白霜」（P12・6～12）作法相同，將黍砂糖加入蛋白中，打發成紮實的蛋白霜。

3 以和基本的「將蛋黃麵糊和蛋白霜混合」（P13・13～19）相同作法，將蛋白霜分成三次加入蛋黃麵糊中，用橡皮刮刀以不讓蛋白霜消泡的方式和蛋黃麵糊均勻地混合在一起。麵糊產生光澤且有蓬鬆感即可（照片**a**）。

4 以和基本的「將麵糊倒入模具」（P15・20～24）相同作法，將3的麵糊倒入模具裡，放入預熱好的烤箱中烘烤。

5 烤好之後將模具整個倒過來放涼，以和基本的「脫模」（P16・27～30）相同作法，將蛋糕脫模。

材料（各1個份）　　[17cm模具]　　[20cm模具]

● 蛋黃麵糊

　紅蘿蔔（淨重）———— 55g …… 90g

　＋紅蘿蔔汁補足至90㎖　＋紅蘿蔔汁補足至150㎖

　蛋黃 ———————— 60g …… 100g

　沙拉油 —————— 45g …… 76g

　低筋麵粉 ————— 60g …… 100g

　杏仁粉 —————— 7g …… 12g

　肉桂粉 ————— ¼ 小匙 …… ½ 小匙

　葡萄乾（小）——— 50g …… 85g

● 蛋白霜

　蛋白 ——————— 140g …… 232g

　黍砂糖 —————— 60g …… 100g

　檸檬汁 —————— 15㎖ …… 25㎖

紅蘿蔔 &
葡萄乾

carrot & raisin

紅蘿蔔的天然色澤和
溫和的甜味，
也很適合當作早午餐。

		17cm 模具	20cm 模具
烘烤時間	瓦斯烤箱 180℃	22～25分鐘	35～40分鐘
	電烤箱 170℃	35～40分鐘	50～55分鐘

事前準備

● 將蛋黃和蛋白分別打入兩個調理盆中。
● 在製作蛋黃麵糊時，將蛋白連同調理盆一起放
入冷凍庫，冰到邊緣呈現果凍狀。
● 將低筋麵粉、杏仁粉、肉桂粉放入食物保存用
的塑膠袋中，以混入空氣般的方式晃動。

a　b

作法

1 將紅蘿蔔切成小塊，水煮至變
軟後壓碎，加入紅蘿蔔汁補足分
量，17cm 模具補足至 90㎖，20cm
模具則補足至 150㎖。

2 製作蛋黃麵糊。用打蛋器將蛋
黃打散，依序加入 **1**、沙拉油，每
加入一種材料都要攪拌均勻。過篩
加入混合好的粉類，攪拌至沒有粉
粒殘留。最後加入葡萄乾混合攪拌
（照片 **a**）。

3 和基本的「製作蛋白霜」（P12・
6 ～ 12）作法相同，將黍砂糖加入蛋
白中，打成紮實的蛋白霜。黍砂糖分
3次加入，檸檬汁分次少量加入。

4 以和基本的「將蛋黃麵糊和蛋
白霜混合」（P13・13 ～ 19）相同作
法，將蛋白霜分成三次加入蛋黃麵
糊中，用橡皮刮刀以不讓蛋白霜消
泡的方式和蛋黃麵糊均勻地混合在
一起。麵糊產生光澤且有蓬鬆感即
可（照片 **b**）。

5 以和基本的「將麵糊倒入模具」
（P15・20 ～ 24）相同作法，將 **4** 的麵
糊倒入模具裡，放入預熱好的烤箱中
烘烤。

6 烤好之後將模具整個倒過來放
涼，以和基本的「脫模」（P16・27 ～
30）相同作法，將蛋糕脫模。

材料（各1個份）　　　[17cm模具]　　[20cm模具]

● 蛋黃麵糊

	17cm	20cm
蛋黃	60g	100g
水	45㎖	75㎖
鮮榨柚子汁	20㎖	35㎖
沙拉油	45g	76g
低筋麵粉	75g	125g
糖漬柚子皮*	30g	50g
柚子皮（磨碎的）	1個份	2個份

● 蛋白霜

	17cm	20cm
蛋白	140g	232g
細砂糖	65g	108g

＊用砂糖醃漬的柚子果皮。

烘烤時間		17cm模具	20cm模具
	瓦斯烤箱 180℃	22～25分鐘	35～40分鐘
	電烤箱 170℃	35～40分鐘	50～55分鐘

事前準備
● 將蛋黃和蛋白分別打入兩個調理盆中。
● 在製作蛋黃麵糊時，將蛋白連同調理盆一起放入冷凍庫，冰到邊緣呈現果凍狀。
● 將低筋麵粉放入食物保存用的塑膠袋中，以混入空氣般的方式晃動。
● 糖漬柚子皮上如果有砂糖的話先稍微洗過，擦乾水分後切碎。

作法

1 製作蛋黃麵糊。用打蛋器將蛋黃打散，依序加入混合好的水和鮮榨柚子汁、沙拉油，每加入一種材料都要攪拌均勻。過篩加入低筋麵粉，攪拌至沒有粉粒殘留。最後加入糖漬柚子皮（照片**a**）和磨碎的柚子皮混合攪拌。

2 和基本的「製作蛋白霜」（P12・6～12）作法相同，將細砂糖加入蛋白中，打發成紮實的蛋白霜。

3 以和基本的「將蛋黃麵糊和蛋白霜混合」（P13・13～19）相同作法，將蛋白霜分成三次加入蛋黃麵糊中，用橡皮刮刀以不讓蛋白霜消泡的方式和蛋黃麵糊均勻地混合在一起。麵糊產生光澤且有蓬鬆感即可（照片**b**）。

4 以和基本的「將麵糊倒入模具」（P15・20～24）相同作法，將**3**的麵糊倒入模具裡，放入預熱好的烤箱中烘烤。

5 烤好後將模具整個倒過來放涼，以和基本的「脫模」（P16・27～30）相同作法將蛋糕脫模。

[和風]
Japanese taste

柚子
yuzu

柚子皮、現榨柚子汁，使用整個柚子做成香氣豐醇的戚風蛋糕。在黃柚子盛產的季節務必嘗試看看。

a

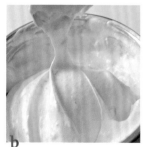

b

櫻花蝦 & 吻仔魚乾

sakuraebi & chirimenjako

降低甜度、以充滿和風風味
的乾貨做成戚風蛋糕。
難以言喻的美味讓人著迷。

材料（各1個份） [17cm 模具] [20cm 模具]

● 蛋黃麵糊

蛋黃	60g	100g
濃柴魚高湯＋		濃柴魚高湯＋醬油2又½小匙
醬油1又½小匙	65㎖	110㎖
沙拉油	45g	76g
低筋麵粉	75g	125g
櫻花蝦	8g	13g
吻仔魚乾	10g	16g
白芝麻	12g	20g

● 蛋白霜

蛋白	140g	232g
細砂糖	30g	50g

		17cm 模具	20cm 模具
烘烤時間	瓦斯烤箱 180℃	22～25分鐘	35～40分鐘
	電烤箱 170℃	35～40分鐘	50～55分鐘

事前準備
● 將蛋黃和蛋白分別打入兩個調理盆中。
● 在製作蛋黃麵糊時，將蛋白連同調理盆一起放入冷凍庫，冰到邊緣呈現果凍狀。
● 將低筋麵粉放入食物保存用的塑膠袋中，以混入空氣般的方式晃動。

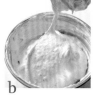

a　　　　b

作法

1 製作蛋黃麵糊。用打蛋器將蛋黃打散，依序加入柴魚高湯＋醬油、沙拉油，每加入一種材料都要攪拌均勻。過篩加入低筋麵粉，攪拌至沒有粉粒殘留。最後加入混合好的櫻花蝦、小魚乾、白芝麻（照片**a**）攪拌。

2 和基本的「製作蛋白霜」（P12・6～12）作法相同，將細砂糖加入蛋白中，打發成紮實的蛋白霜。相對於蛋白的量來說，糖的分量太少，所以加入一小撮鹽（額外分量）來打發會比較好。

3 以和基本的「將蛋黃麵糊和蛋白霜混合」（P13・13～19）相同作法，將蛋白霜分成三次加入蛋黃麵糊中，用橡皮刮刀以不讓蛋白霜消泡的方式和蛋黃麵糊均勻混合。麵糊產生光澤、蓬鬆感即可（照片**b**）。

4 以和基本的「將麵糊倒入模具」（P15・20～24）相同作法，將3的麵糊倒入模具裡，放入預熱好的烤箱中烘烤。

5 烤好之後將模具整個倒過來放涼，以和基本的「脫模」（P16・27～30）相同作法，將蛋糕脫模。

豆漿&
黑豆粉

soy milk &
kinako

用營養價值高的豆漿
代替水,在粉類中加入
黑豆粉。加入甜納豆
也會非常美味。

材料（各1個份）　　[17cm模具]　　[20cm模具]

● 蛋黃麵糊

	17cm模具	20cm模具
蛋黃	60g	100g
豆漿（成分無調整）	75mℓ	125mℓ
沙拉油	45g	76g
低筋麵粉	45g	75g
黑豆粉	30g	50g

● 蛋白霜

	17cm模具	20cm模具
蛋白	140g	232g
細砂糖	70g	120g

		17cm模具	20cm模具
烘烤時間	瓦斯烤箱 180℃	22～25分鐘	35～40分鐘
	電烤箱 170℃	35～40分鐘	50～55分鐘

事前準備

● 將蛋黃和蛋白分別打入兩個調理盆中。
● 在製作蛋黃麵糊時,將蛋白連同調理盆一起放入冷凍庫,冰到邊緣呈現果凍狀。
● 將低筋麵粉和黑豆粉一起放入食物保存用的塑膠袋中,以混入空氣般的方式晃動。

a　　　　　　b

作法

1　製作蛋黃麵糊。用打蛋器將蛋黃打散,依序加入豆漿、沙拉油,每加入一種材料都要攪拌均勻。過篩加入混合好的粉類,攪拌至沒有粉粒殘留（照片**a**）。

2　和基本的「製作蛋白霜」(P12・6～12)作法相同,將細砂糖加入蛋白中,打發成紮實的蛋白霜。

3　以和基本的「將蛋黃麵糊和蛋白霜混合」(P13・13～19)相同作法,將蛋白霜分成三次加入蛋黃麵糊中,用橡皮刮刀以不讓蛋白霜消泡的方式和蛋黃麵糊均勻地混合在

一起。麵糊產生光澤且有蓬鬆感即可（照片**b**）。

4　以和基本的「將麵糊倒入模具」(P15・20～24)相同作法,將**3**的麵糊倒入模具裡,放入預熱好的烤箱中烘烤。

5　烤好之後將模具整個倒過來放涼,以和基本的「脫模」(P16・27～30)相同作法,將蛋糕脫模。

[和 風]
Japanese
taste

艾草

yomogi

顏色沉穩的
和菓子版本戚風蛋糕。
艾草帶有輕盈溫和的香氣，
是不會讓人生膩的美味。

a

b

材料（各1個份）

	[17cm模具]	[20cm模具]
● 蛋黃麵糊		
蛋黃	60g	100g
水	75㎖	125㎖
沙拉油	45g	76g
香草油	3滴	5滴
低筋麵粉	68g	113g
乾燥艾草粉	7g	12g
● 蛋白霜		
蛋白	120g	200g
細砂糖	65g	110g

		17cm模具	20cm模具
烘烤時間●	瓦斯烤箱 180℃	22～25分鐘	35～40分鐘
	電烤箱 170℃	35～40分鐘	50～55分鐘

事前準備
● 將蛋黃和蛋白分別打入兩個調理盆中。
● 在製作蛋黃麵糊時，將蛋黃連同調理盆一起放入冷凍庫，冰到邊緣呈現果凍狀。
● 將低筋麵粉和艾草粉一起放入食物保存用的塑膠袋中，以混入空氣般的方式晃動。

作法

1 製作蛋黃麵糊。用打蛋器將蛋黃打散，依序加入水、沙拉油，每加入一種材料都要攪拌均勻。滴入香草油，過篩加入混合好的粉類（照片**a**），攪拌至沒有粉粒殘留。

2 和基本的「製作蛋白霜」（P12・6～12）作法相同，將細砂糖加入蛋白中，打發成紮實的蛋白霜。

3 以和基本的「將蛋黃麵糊和蛋白霜混合」（P13・13～19）相同作法，將蛋白霜分成三次加入蛋黃麵糊中，用橡皮刮刀以不讓蛋白霜消泡的方式和蛋黃麵糊均勻地混合在一起。麵糊產生光澤且有蓬鬆感即可（照片**b**）。

4 以和基本的「將麵糊倒入模具」（P15・20～24）相同作法，將 **3** 的麵糊倒入模具裡，放入預熱好的烤箱中烘烤。

5 烤好後將模具整個倒過來放涼，以和基本的「脫模」（P16・27～30）相同作法，將蛋糕脫模。

重點 ●
乾燥艾草粉在過篩時會較難篩過網篩的網目，所以要像照片**a**中那樣，一邊用橡皮刮刀刮壓，確實將顆粒過篩。

[香辛料]
spice

咖哩 *curry*

吃第一口就會
因其意外的美味而感到驚豔。
咖哩的辛香料風味很嶄新，
連不愛甜食的人也有很好的評價。

a

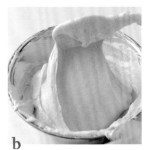
b

材料（各1個份）　　　[17cm模具]　　[20cm模具]

● 蛋黃麵糊

	17cm模具	20cm模具
蛋黃	60g	100g
水	80㎖	135㎖
沙拉油	45g	76g
低筋麵粉	65g	110g
咖哩粉	15g	25g

● 蛋白霜

	17cm模具	20cm模具
蛋白	160g	260g
細砂糖	60g	100g

		17cm模具	20cm模具
烘烤時間●	瓦斯烤箱 180℃	22～25分鐘	35～40分鐘
	電烤箱 170℃	35～40分鐘	50～55分鐘

事前準備

● 將蛋黃和蛋白分別打入兩個調理盆中。

● 在製作蛋黃麵糊時，將蛋白連同調理盆一起放入冷凍庫，冰到邊緣呈現果凍狀。

● 將低筋麵粉和咖哩粉一起放入食物保存用的塑膠袋中，以混入空氣般的方式晃動。

作法

1 製作蛋黃麵糊。用打蛋器將蛋黃打散，依序加入水、沙拉油，每加入一種材料都要攪拌均勻。過篩加入混合好的粉類，攪拌至沒有粉粒殘留（照片**a**）。

2 和基本的「製作蛋白霜」（P12・6～12）作法相同，將細砂糖加入蛋白中，打發成紮實的蛋白霜。

3 以和基本的「將蛋黃麵糊和蛋白霜混合」（P13・13～19）相同作法，將蛋白霜分成三次加入蛋黃麵糊中，用橡皮刮刀以不讓蛋白霜消泡的方式和蛋黃麵糊均勻地混合在一起。麵糊產生光澤且有蓬鬆感即可（照片**b**）。

4 以和基本的「將麵糊倒入模具」（P15・20～24）相同作法，將**3**的麵糊倒入模具裡，放入預熱好的烤箱中烘烤。

5 烤好後將模具整個倒過來放涼，以和基本的「脫模」（P16・27～30）相同作法將蛋糕脫模。

重點 ●

我將之命名為「The 咖哩」，是夏天常做的戚風蛋糕。只要在粉類中加入咖哩粉，其他作法都和基本的香草戚風蛋糕相同。即使是初學者也不太會失敗的一款蛋糕。

[香辛料]
spice

肉桂
cinnamon

肉桂粉滋味明顯的
辛香料戚風蛋糕。
只要在粉類中
加入肉桂粉,
其他作法和基本的
香草戚風蛋糕相同。

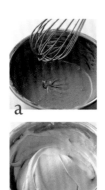

a

b

材料（各1個份）　　[17cm 模具]　　[20cm 模具]

● 蛋黃麵糊

	17cm模具	20cm模具
蛋黃	60g	100g
水	75㎖	125㎖
沙拉油	45g	76g
香草油	3滴	5滴
低筋麵粉	68g	113g
肉桂粉	7g	12g

● 蛋白霜

	17cm模具	20cm模具
蛋白	140g	232g
細砂糖	67g	112g

		17cm 模具	20cm 模具
烘烤時間	瓦斯烤箱 180℃	22～25分鐘	35～40分鐘
	電烤箱 170℃	35～40分鐘	50～55分鐘

事前準備

● 將蛋黃和蛋白分別打入兩個調理盆中。
● 在製作蛋黃麵糊時,將蛋白連同調理盆一起放入冷凍庫,冰到邊緣呈現果凍狀。
● 將低筋麵粉和肉桂粉一起放入食物保存用的塑膠袋中,以混入空氣般的方式晃動。

作法

1 製作蛋黃麵糊。用打蛋器將蛋黃打散,依序加入水、沙拉油,每加入一種材料都要攪拌均勻。過篩加入混合好的粉類,滴入香草油,攪拌至沒有粉粒殘留（照片**a**）。

2 和基本的「製作蛋白霜」（P12·6～12）作法相同,將細砂糖加入蛋白中,打發成紮實的蛋白霜。

3 以和基本的「將蛋黃麵糊和蛋白霜混合」（P13·13～19）相同作法,將蛋白霜分成三次加入蛋黃麵糊中,用橡皮刮刀以不讓蛋白霜消泡的方式和蛋黃麵糊均勻地混合在一起。麵糊產生光澤且有蓬鬆感即可（照片**b**）。

4 以和基本的「將麵糊倒入模具」（P15·20～24）相同作法,將**3**的麵糊倒入模具裡,放入預熱好的烤箱中烘烤。

5 烤好之後將模具整個倒過來放涼,以和基本的「脫模」（P16·27～30）相同作法,將蛋糕脫模。

6 將蛋糕切片盛入盤子裡,依喜好附上鮮奶油霜、撒上肉桂粉。

Superior
marble, cheese, caramel, tiramisu

想挑戰看看！
高階戚風蛋糕

熟習製作戚風蛋糕後，
就試著挑戰看看需要同時操作完成兩種麵糊、
或是更加要求蛋白霜打法與混合速度等
令人嚮往的戚風蛋糕吧！

大理石
marble

香草和巧克力兩種麵糊
做成大理石紋呈現的樣貌很受歡迎。
完成後利口酒完全滲透進蛋糕中的第三天，
正是最美味的時刻。

材料（各1個份）　　　　[17cm 模具]　　[20cm 模具]

● 香草蛋黃麵糊

蛋黃	60g …… 80g
牛奶	75㎖ …… 100㎖
沙拉油	46g …… 58g
香草油	3滴 …… 6滴
低筋麵粉	75g …… 100g

● 巧克力蛋黃麵糊

蛋黃	20g …… 40g
調溫巧克力*1	
（甜味或是苦甜）	15g …… 30g
沙拉油	12g …… 24g
牛奶	25㎖ …… 50㎖
低筋麵粉	17g …… 35g
可可粉*2	8g …… 15g

● 蛋白霜

| 蛋白 | 160g …… 240g |
| 細砂糖 | 86g …… 130g |

咖啡利口酒（卡魯哇咖啡酒）

　　　　　　20 ～ 30㎖ …… 40～50㎖

*1 參考 P57
*2 參考 P27

烘烤時間●		17cm 模具	20cm 模具
	瓦斯烤箱 180℃	22～25分鐘	35～40分鐘
	電烤箱 170℃	35～40分鐘	50～55分鐘

事前準備

● 將香草蛋黃麵糊用的蛋黃、巧克力蛋黃麵糊用的蛋黃、蛋白分別打入三個調理盆中。
● 在製作蛋黃麵糊時，將蛋白連同調理盆一起放入冷凍庫，冰到邊緣呈現果凍狀。
● 將香草蛋黃麵糊用的低筋麵粉食物放進保存用的塑膠袋中，以混入空氣般的方式晃動。將巧克力蛋黃麵糊用的低筋麵粉和可可粉一起放入另一個食物保存塑膠袋中，以混入空氣般的方式搖晃。

a　b　c
d　e　f

作法

1 製作巧克力蛋黃麵糊。將巧克力隔水加熱或是放進微波爐加熱融化，馬上加入沙拉油混合攪拌。

2 用打蛋器將蛋黃打散，依序加入1、牛奶（照片 a），每加入一種材料都要攪拌均勻。過篩加入混合好的粉類，攪拌至沒有粉粒殘留。

3 製作香草蛋黃麵糊。用打蛋器將蛋黃打散，依序加入牛奶、沙拉油，每加入一種材料都要攪拌均勻。淋入香草油，過篩加入低筋麵粉，攪拌至沒有粉粒殘留（照片 b）。

4 以和基本的「製作蛋白霜」（P12・6～12）相同作法，將細砂糖加入蛋白中，打發成紮實的蛋白霜。

5 以和基本的「將蛋黃麵糊和蛋白霜混合」（P13・13～19）相同作法，將2/3分量的蛋白霜分成三次加入香草蛋黃麵糊中（照片 c），用橡皮刮刀以不讓蛋白霜消泡的方式和蛋黃麵糊均勻地混合在一起。將剩下的1/3的蛋白霜全部加入巧克力蛋黃麵糊裡，用打蛋器以不施力的方式快速混合，再用橡皮刮刀混拌至質地一致。麵糊產生光澤且有蓬鬆感即可。

6 將巧克力麵糊倒在香草麵糊上（照片 d）。將橡皮刮刀從調理盆邊緣放入並移動至正中央，接著退回邊緣處翻動麵糊。一邊轉動調理盆一邊來回重複操作2次。（照片 e）

7 將麵糊倒入模具中。一邊觀察倒入模具的麵糊（照片 f），做出漂亮的大理石紋。用橡皮刮刀將麵糊抹平並沾在模具邊緣，放入預熱好的烤箱中烘烤。

8 烤好之後將模具整個倒過來放涼，以和基本的「脫模」（P16・27～30）相同作法，將蛋糕脫模。

9 用刷子在蛋糕表面輕輕拍打刷上一層咖啡利口酒。

重點●

最重要的是要快速完成硬度相同的兩種蛋黃麵糊。將巧克力蛋黃麵糊倒在香草蛋黃麵糊上時，為了不讓巧克力蛋黃麵糊往下沉，就要留意別讓香草麵糊做得太過稀軟。

材料（各1個份）　　　[17cm模具]　　　[20cm模具]

● 蛋黃麵糊

材料	17cm模具	20cm模具
蛋黃	60g	100g
奶油乳酪	100g	167g
原味優格	50g	84g
沙拉油	36g	58g
低筋麵粉	75g	125g

● 蛋白霜

材料	17cm模具	20cm模具
蛋白	140g	232g
細砂糖	65g	108g
檸檬汁	12㎖	20㎖

		17cm模具	20cm模具
烘烤時間	瓦斯烤箱 180℃	22～25分鐘	35～40分鐘
	電烤箱 170℃	35～40分鐘	50～55分鐘

[高階戚風蛋糕]
superior

乳酪
cream cheese

加入優格和檸檬的
清爽酸味，
將受歡迎的乳酪蛋糕
做成戚風蛋糕版本。

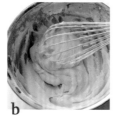
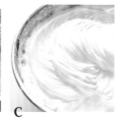

a　　　　b　　　　c

d　　　　e　　　　f

事前準備
● 將蛋黃和蛋白分別打入兩個調理盆中。
● 在製作蛋黃麵糊時，將蛋白連同調理盆一起放入冷凍庫，冰到邊緣呈現果凍狀。
● 將低筋麵粉放入食物保存用的塑膠袋中，以混入空氣般的方式晃動。

作法

1 將奶油乳酪和優格一起放入耐高溫容器，用微波爐加熱1分30秒～2分鐘至變得柔軟滑順。接著放入調理盆中，用打蛋器充分攪拌。

2 製作蛋黃麵糊。用打蛋器將蛋黃打散，依序加入 **1**（照片 **a**）、沙拉油，每加入一種都要攪拌均勻。過篩加入低筋麵粉，攪拌至沒有粉類殘留（照片 **b**）。

3 以和基本的「製作蛋白霜」（P12・**6**～**12**）相同作法，將細砂糖和檸檬汁加入蛋白中，打發成紮實的蛋白霜（照片 **c**）。細砂糖分成三次加入，檸檬汁則分次少量加入。

4 和「只用橡皮刮刀混合攪拌」（P14）作法相同，將蛋白霜分成三次加入蛋黃麵糊中，用橡皮刮刀以不讓蛋白霜消泡的方式和蛋黃麵糊均勻地混合在一起（照片 **d**、**e**）。麵糊呈現光澤感與蓬鬆狀的話即可（照片 **f**）。

5 以和基本的「將麵糊倒入模具」（P15・**20**～**24**）相同作法，將 **4** 的麵糊倒入模具裡，放入預熱好的烤箱中烘烤。

6 烤好之後將模具整個倒過來放涼，以和基本的「脫模」（P16・**27**～**30**）相同作法，將蛋糕脫模。

重點 ●
因為在戚風蛋糕中加入很多乳製品，所以麵糊會很容易稀軟塌陷。在混合蛋黃麵糊和蛋白霜的時候，請一開始就用只以橡皮刮刀操作的方式來混拌。這個混拌的方法有時候會混合得不是很好。比方說，一旦攪拌力道過猛拌入多餘的空氣量，會很容易因拌混出蓬鬆感而錯以為麵糊混合得很成功。這麼一來，雖然麵糊會因所含的空氣量變多而有應有的高度，但烤出來的蛋糕體卻會完全沒有彈性。先熟練基本操作法 **18**（P13）的混合方式吧。

生焦糖
caramel

濃郁且略苦的生焦糖風味在口中散開，
是最新的熱門食譜

a　b　c
d　e　f

材料（17cm 模具 1 個份）

- 蛋黃麵糊

蛋黃	60g
焦糖鮮奶油	
蜂蜜	50g
無鹽奶油	50g
細砂糖	125g
鮮奶油	65㎖
香草莢	1/3 根
低筋麵粉	70g

- 蛋白霜

蛋白	160g
細砂糖	60g
鹽	1 小撮

		17cm 模具
烘烤時間●	瓦斯烤箱 180℃	22～35 分鐘
	電烤箱 170℃	35～40 分鐘

事前準備
- 將蛋黃和蛋白分別打入兩個調理盆中。
- 在製作蛋黃麵糊時，將蛋白連同調理盆一起放入冷凍庫，冰到邊緣呈現果凍狀。
- 將低筋麵粉放入食物保存用的塑膠袋中，以混入空氣般的方式晃動。

作法

1 製作焦糖鮮奶油。準備兩個小鍋子，在其中一個鍋子中放入鮮奶油和刮出的香草籽，開小火加熱煮至微微沸騰。

2 在另一個小鍋子中放入蜂蜜和切塊的無鹽奶油，開中火煮至融化。在這個液體中加入 1/3 量的細砂糖並開大火加熱。等細砂糖完全溶解後接著加入 1/3 量的細砂糖，等溶解之後將最後剩下 1/3 量的砂糖全部加入。一邊調整火力一邊熬煮至變成焦焦的咖啡色（照片 **a**）。熬煮的程度可依喜好，在第三次的砂糖溶解後到變成很深的焦褐色之間皆可。

3 將 **2** 倒入調理盆中，將 **1** 的鮮奶油分次少量慢慢倒入（照片 **b**），同時以木杓混合攪拌。

4 製作蛋黃麵糊。用打蛋器將蛋黃打散，趁 **3** 的焦糖奶油還溫熱的時候加入，充分攪拌均勻。過篩加入

低筋麵粉，攪拌至沒有粉類殘留。

5 以和基本的「製作蛋白霜」（P12・6～12）相同作法，將細砂糖和鹽加入蛋白中，打發成紮實的蛋白霜。

6 以和「只用橡皮刮刀混合攪拌」（P14）相同作法，將蛋白霜分成三次加入蛋黃麵糊中（照片 **c**），用橡皮刮刀以不讓蛋白霜消泡的方式和蛋黃麵糊均勻地混合在一起（照片 **d**、**e**）。麵糊呈現光澤感與蓬鬆狀的話即可（照片 **f**）。

7 以和基本的「將麵糊倒入模具」（P15・20～24）相同作法，將 **6** 的麵糊倒入模具裡，放入預熱好的烤箱中烘烤。

8 烤好之後將模具整個倒過來放涼，以和基本的「脫模」（P16・27～30）相同作法，將蛋糕脫模。

重點 ●

這是一款打發和混拌步驟很要求速度、高難度的戚風蛋糕。在焦糖醬中倒入鮮奶油時，因為很容易飛濺，所以要留意避免燙傷，一邊分次少量地加入一邊不斷地攪拌。因為很難在蛋黃麵糊還溫熱時打好蛋白霜，所以這裡只介紹較好操作的17cm 模具用食譜。

材料（20cm模具1個份）

● 馬斯卡彭乳酪蛋黃麵糊

蛋黃		54g
A	馬斯卡彭乳酪*1	108g
	牛奶	28ml
沙拉油		36g
低筋麵粉		70g

● 馬斯卡彭乳酪咖啡蛋黃麵糊

蛋黃		36g
B	馬斯卡彭乳酪	72g
	牛奶	19ml
沙拉油		22g
低筋麵粉		46g
咖啡豆粉*2		4g

● 蛋白霜

蛋白	216g
細砂糖	108g

咖啡利口酒（卡魯哇咖啡酒）— 適量
可可粉*3 ———————————— 適量

*1 未經熟成的義大利產新鮮乳酪。脂肪含量高，有著如鮮奶油般的風味。
*2 參考P60。 *3 參考P27。

烘烤時間●		20cm 模具	
	瓦斯烤箱180℃	35～40分鐘	
	電烤箱170℃	50～55分鐘	

事前準備

● 將馬斯卡彭乳酪蛋黃麵糊用的蛋黃、馬斯卡彭乳酪咖啡蛋黃麵糊用的蛋黃、蛋白分別打入三個調理盆中。
● 在製作蛋黃麵糊時，將蛋白連同調理盆一起放入冷凍庫，冰到邊緣呈現果凍狀。
● 準備兩個食物保存用的塑膠袋，分別放入馬斯卡彭乳酪蛋黃麵糊用的低筋麵粉和馬斯卡彭乳酪咖啡蛋黃麵糊用的低筋麵粉與咖啡豆粉，以混入空氣般的方式搖晃。

提拉米蘇
tiramisu

將始終流行不衰的人氣點心
「提拉米蘇」做成戚風蛋糕了。
利用馬斯卡彭乳酪做出
正統的美妙滋味。

作法

1 將A和B的馬斯卡彭乳酪和牛奶分別放入耐高溫容器中，放入微波爐加熱約1分30秒使之變得柔軟，用打蛋器充分攪拌。

2 同時製作兩種蛋黃麵糊。分別將蛋黃用打蛋器打散。趁A和B還溫熱時分別加入攪拌（照片**a**），再分別加入沙拉油充分拌勻。將低筋麵粉、混合好的粉類分別過篩加入，攪拌至沒有粉類殘留（照片**b**）。

3 以和基本的「製作蛋白霜」（P12・6～12）相同作法，將細砂糖加入蛋白中，打發成紮實的蛋白霜。

4 以和「只用橡皮刮刀混合攪拌」（P14）相同作法，分別將3/5分量的蛋白霜分成3次加入馬斯卡彭乳酪蛋黃麵糊中，將2/5分量的蛋白霜分成3次加入馬斯卡彭乳酪咖啡蛋黃麵糊中。用橡皮刮刀以不讓蛋白霜消泡的方式，分別和蛋黃麵糊均勻地混合在一起（照片**c**）。麵糊呈現光澤感與蓬鬆狀的話即可（照片**d**）。

5 依照馬斯卡彭乳酪麵糊、馬斯卡彭乳酪咖啡麵糊的順序，交替著將1/3的麵糊倒入模具裡（照片**e**）。用橡皮刮刀將麵糊抹平並沾在模具邊緣（照片**f**），放入預熱好的烤箱中烘烤。

6 烤好之後將模具整個倒過來放涼，以和基本的「脫模」（P16・27～30）相同作法，將蛋糕脫模。

7 用刷子在蛋糕表面輕輕拍打刷上一層咖啡利口酒。用保鮮膜等蓋住切片蛋糕的一半，用茶篩撒上可可粉。

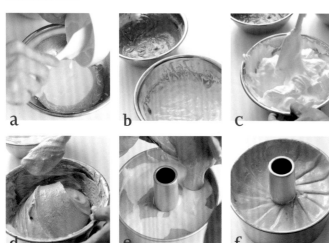
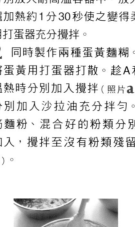

a

b

c

d

e

f

重點 ●
因為要同時製作兩種麵糊，所
以非常要求速度。要在用微波
爐加熱的牛奶和馬斯卡彭乳酪
還沒涼掉時製作麵糊。此外，
打發蛋白霜時也要盡量快速，
並以一開始就只用橡皮刮刀、
不讓蛋白霜消泡的方式混合。
在這裡只介紹比較好操作的
20cm模具用的食譜。

中山真由美
(MAYUMI NAKAYAMA)

因為想要對關照過自己的人傳達感謝的心情，所以從自學開始了製作甜點之路。2006年，將住處加以改建並得到營業的執照。在手工甜點店「chiffon chiffon」開始營業的同時，也開始營運小班制的甜點教室。現在，以從基礎到特訓研究班分級的戚風甜點課程為主，另外也開設烘焙點心和料理的課程。因認真的指導與毫不做作的個性而廣受好評，從初學者到專業人士等，參加課程的學生來自日本全國各地，課程非常受歡迎，經常一開設就額滿候補。現在則暫時停止販售甜點。最新消息請參考下方的部落格或Instagram。

部落格
手作甜點店「chiffon chiffon」
http://chiffon2.exblog.jp/

Instagram
chiffonchiffonnakayama

國家圖書館出版品預行編目（CIP）資料

超鬆軟濕潤戚風蛋糕37款：沒預約就買不到的
人氣甜點名店祕傳／中山真由美著；黃嫣容
譯. -- 初版. -- 臺北市：臺灣東販，2021.01
96面；18.8×24.2公分
ISBN 978-986-511-572-2（平裝）

1.點心食譜

427.16   109019463

日文版staff

設計　中村朋子
攝影　福地大亮
造型　澤入美佳
企劃、編輯　內山美惠子
校對　安久都淳子
DTP製作　天龍社

KETTEIBAN FUWA FUWA SHITTORI TOROKERU CHIFFON YOYAKU NO TORENAI OKASHI KYOUSHITSU "chiffon chiffon" NO BEST RECIPE
© MAYUMI NAKAYAMA 2020
Originally published in Japan in 2020 by IE-NO-HIKARI Association,TOKYO.
Traditional Chinese translation rights arranged with IE-NO-HIKARI Association, TOKYO through TOHAN CORPORATION, TOKYO.

沒預約就買不到的人氣甜點名店祕傳

超鬆軟濕潤戚風蛋糕37款

2021年1月1日初版第一刷發行
2022年3月1日初版第三刷發行

著　　　者　中山真由美
譯　　　者　黃嫣容
主　　　編　陳其衍
美術編輯　黃瀞瑢
發 行 人　南部裕
發 行 所　台灣東販股份有限公司
　　　　　＜地址＞台北市南京東路4段130號2F-1
　　　　　＜電話＞（02）2577-8878
　　　　　＜傳真＞（02）2577-8896
　　　　　＜網址＞http://www.tohan.com.tw
郵撥帳號　1405049-4
法律顧問　蕭雄淋律師
總 經 銷　聯合發行股份有限公司
　　　　　＜電話＞（02）2917-8022